I0882070

Leidraad All-Hazard Risicoanalyse

Zicht op de weerbaarheid en veerkracht van de organisatie

Den Haag, 2 maart 2024

Opgesteld door:
Marcel Spit CPP MSec

Versie	Opmerking
Juni 2009	Initiële versie van het Nationaal Adviescentrum Vitale Infrastructuur (NAVI): Handreiking Risicoanalyse, 10 praktische modellen voor de risicoanalist
Januari 2020	Geheel herziene versie door Adviescentrum BVI: Handreiking Integrale Risicoanalyse, Zicht op risico's in vijf stappen
Maart 2024	Geheel herziene versie door Marcel Spit: Leidraad All-Hazard Risicoanalyse, Zicht op de weerbaarheid en veerkracht van de organisatie

Figuur 1 Tabel voor versiebeheer

Ontwerp omslag: Marcel Spit

ISBN 978-90-826207-3-3

NUR 801

1ste editie

Voorwoord

Risicoanalysemethodes zijn er in vele soorten en maten. De aandachtsgebieden en ingrediënten van die risicoanalyses liggen vaak ver uiteen. Zo zijn er bijvoorbeeld geografische, medische, commerciële en bedrijfseconomische risicoanalyses. Ook zijn er methodes die meer strategisch van aard zijn, andere meer operationeel.

De methodes hebben een aantal overeenkomsten, zoals het inventariseren van te beschermen belangen, het inschatten van de mogelijke schade bij incidenten en het beoordelen van de effectiviteit van mitigerende maatregelen. Ook wordt er meestal een functie of relatie gelegd tussen de impact (nadelig effect) en de waarschijnlijkheid van mogelijke incidenten. Die functie wordt dan uitgedrukt in de mate van risico die wordt ingeschat.

Verschillen zijn er ook. Deze zijn te verklaren uit de verschillen in scope van de analyses, gewenste mate van diepgang of detaillering, soorten dreigingen, aard van te beschermen belangen en een grote variatie aan mogelijke mitigerende maatregelen.

Daarnaast zijn er analyses die meer kwantitatief (op basis van statistische berekeningen) en meer kwalitatief (op basis van beredeneerde onderbouwing) van aard zijn. De voorliggende All-Hazard risicoanalyse is van de laatste soort, waarbij de beschrijving van realistische scenario's telkens de kwalitatieve onderbouwing samenvat.

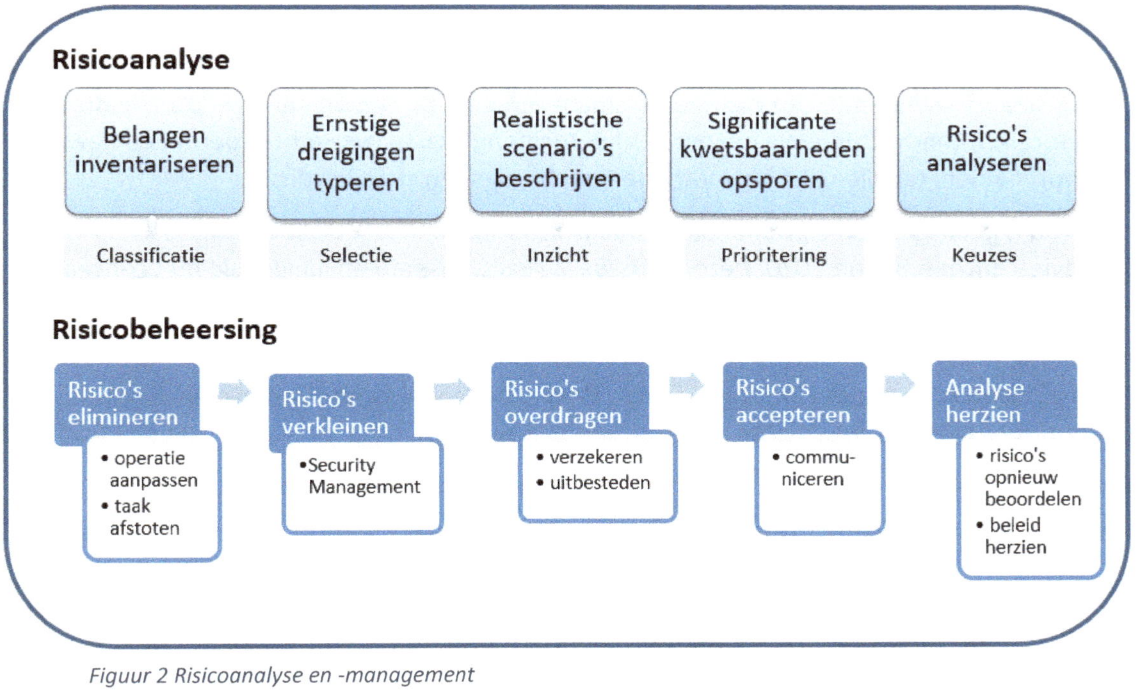

Figuur 2 Risicoanalyse en -management

Het doel van de All-Hazard risicoanalyse die wij hier presenteren, is zicht krijgen op de weerbaarheid en veerkracht (resilience in het Engels) van organisaties. Het definiëren van een realistisch (risicovol) scenario is daarbij cruciaal. Een realistisch scenario zal namelijk de aandacht vestigen op organisatiebelangen die bescherming behoeven, bedreigingen die geadresseerd moeten worden en mitigerende maatregelen die getroffen kunnen worden. Een (All-Hazard) risicoanalyse is een kenmerkend elementen van ieder veiligheidsmanagementsysteem.

De All-Hazard benadering van deze methode zit in de vijf typen bedreigingen (in het Engels: threats and hazards) die in de risicoanalyse worden beschouwd:

1. Organisatorisch en technisch falen (ongelukken)
2. Bewust menselijk handelen (criminele incidenten)
3. Natuurgeweld (rampen)
4. Uitval vitale infrastructuur en ketenpartners (keteneffecten)
5. Overige calamiteiten

Deze bedreigingen kunnen aan verschillende belangen van de organisatie materiele en immateriële schaden toebrengen. Zoals aan mensen (lichamelijk en psychisch), processen (bijvoorbeeld productie, logistiek en informatie), middelen (zoals gebouwen, apparatuur, informatie, grondstoffen en producten) en imago.

Organisaties proberen hun belangen tegen realistische bedreigingen te beschermen en de veerkracht van de organisatie te verhogen door het treffen van zogenaamde mitigerende maatregelen.

De mitigerende maatregelen moeten bijdragen aan de veiligheid van personen, de continuïteit van de organisatie, de leveringszekerheid van producten en diensten, maatschappelijke en sociale veiligheid en aan het beschermen van de omgeving en het milieu tegen ernstige schade.

In deze leidraad wordt een generieke methodiek beschreven waarmee allerlei organisaties, van klein tot groot hun risico's kunnen analyseren. Hierin komen alle essentiële onderdelen van een risico-analyse aan de orde en wordt het proces van de analyse stapsgewijs doorlopen.

De leidraad is bedoeld voor functionarissen die verantwoordelijk zijn voor of adviseren over veiligheid, risicomanagement en/of continuïteitsmanagement van een organisatie. Deze leidraad geeft de gebruiker handvatten om samen met anderen een risicoanalyse uit te voeren, en bevat daartoe voorbeelden, tabellen, lijsten, methoden, technieken en classificaties.

Deze leidraad is gebaseerd op de *Handreiking Integrale Risicoanalyse – Zicht op risico's in vijf stappen* van het Adviescentrum BVI uit 2020. Deze methode is geactualiseerd en aangevuld met concepten uit de domeinen integrale veiligheid, crisismanagement en continuïteitsmanagement.

Met de hier gepresenteerde methodiek kan een organisatie onder andere voldoen aan de *Wet weerbaarheid kritieke entiteiten* (de zogenaamde Wwke) die een uitwerking is van de *Europese Critical Entities Resilience Directive* (de zogenaamde CER-richtlijn).

Indien u vragen heeft of ondersteuning wenst bij het uitvoeren van (onderdelen van) uw risicoanalyse, dan kunt u natuurlijk contact met ons opnemen.

Adviescentrum BVI
Via Marcel Spit
Zilverreigerstraat 19
2492 TC Den Haag
info@AdviescentrumBVI.nl
www.AdviescentrumBVI.nl

Inhoudsopgave

1 Inleiding

1.1 Risicomanagement

De risicoanalyse is een centraal en terugkerend onderdeel van de risicobeoordeling van het risicomanagementproces van een organisatie. In de ISO 31000 is dit generieke managementproces beschreven. Hieronder een schematische weergave van dit proces.

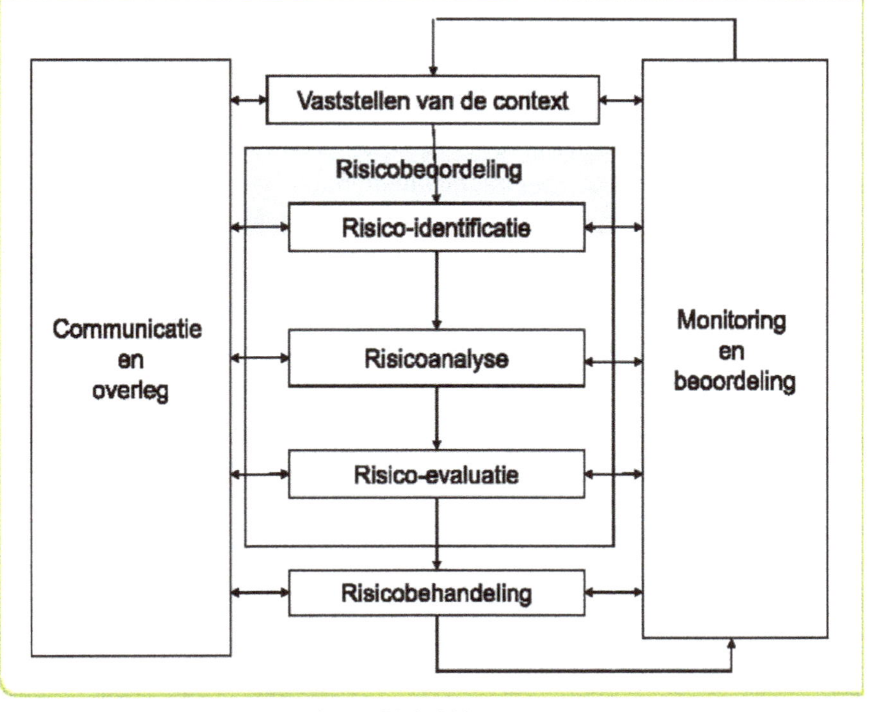

Figuur 3 Risicomanagement volgens ISO 31000

Een korte toelichting op de onderdelen van het risicomanagementproces:

Communicatie en overleg: interne en externe afstemming over risicomanagement

Vaststellen van de context: bepalen van het type risico, de doelstelling, afbakening, verantwoordelijkheden en de relatie met de omgeving

Risicobeoordeling: bestaat uit de processtappen risico-identificatie, -analyse en -evaluatie

Risico-identificatie: binnen de context de verschillende risico's benoemen en beschrijven

Risicoanalyse: risico's onderzoeken en rangschikken op impact, waarschijnlijkheid en prioriteit

Risico-evaluatie: beoordelen in welke mate de geduide risico's acceptabel zijn

Risicobehandeling: treffen van mitigerende maatregelen

Monitoring en beoordeling: de werking van getroffen maatregelen en de risico's continu meten, vastleggen en bepalen in welke mate deze aan gestelde verwachtingen voldoen.

1.2 All-Hazard Risico's

In deze leidraad worden de risicobeoordeling en het voorbereiden voor de risicobehandeling besproken. De nadruk ligt natuurlijk op de analyse van de verschillende risico's.

In de All-Hazard risicoanalyse wordt een inschatting gemaakt van de grootte van verschillende risico's die een organisatie kunnen bedreigen, onder meer door te bezien wat de mogelijke impact en waarschijnlijkheid van realistische scenario's zijn.

1.3 Risicoanalyse als onderdeel van professioneel management

De risicobeoordeling staat niet op zichzelf, maar is doorgaans onderdeel van de Act- en de Plan-fase van de Plan-Do-Check-Act-cyclus van het kwaliteitssysteem of het veiligheidsmanagementsysteem (VMS) van een organisatie. Voor het invoeren van een professioneel VMS zijn verschillende normen ontwikkeld, zoals de ISO 55000: Asset Managementsysteem, NTA 8000: Risicomanagementsysteem voor buisleidingsystemen, NTA 8120: Assetmanagementsysteem voor gasnetbeheer, NTA 8620: Veiligheidsmanagementsysteem voor risico's van zware ongevallen, ISO 27001: Informatiebeveiligingssysteem en de Security Management Systeem Norm 2017 voor beveiligingssystemen.

Bovendien is er regelgeving die voorschrijft dat organisaties een kwaliteitssysteem moeten inrichten om de veiligheid, weerbaarheid en/of veerkracht van de organisatie te verbeteren en te borgen. Het regelmatig uitvoeren van risicoanalyses is een gekend onderdeel van deze regelgeving.

Een voorbeeld van Europese regelgeving die een All-Hazard risicoanalyse voorschrijft is de Critical Entities Resilience (CER) Directive. Mede door voorliggende leidraad voor een All-Hazard risicoanalyse te gebruiken voldoet een organisatie aan deze wetgeving.

Met *Bijlage 1: Checklist All-Hazard risicoanalyse* kan worden gecontroleerd of een risicoanalyse voldoende aandacht besteedt aan de verschillende onderdelen en onderwerpen van de All-Hazard analyse.

Naast de risicoanalyse wordt in een VMS ook aandacht besteed aan:

- Beleid opstellen, om de doelen en hoofdlijnen te duiden
- Kosten- en batenanalyse, om de werking en cohesie van de getroffen mitigerende maatregelen te motiveren en vast te leggen
- Mitigerende maatregelen implementeren en uitvoeren
- Monitoren, controleren en oefenen om continu te verbeteren en te reageren op veranderingen

Hiernaast een schematische weergave van de positie van de risicoanalyse in de Plan-Do-Check-Act cyclus van het VMS.

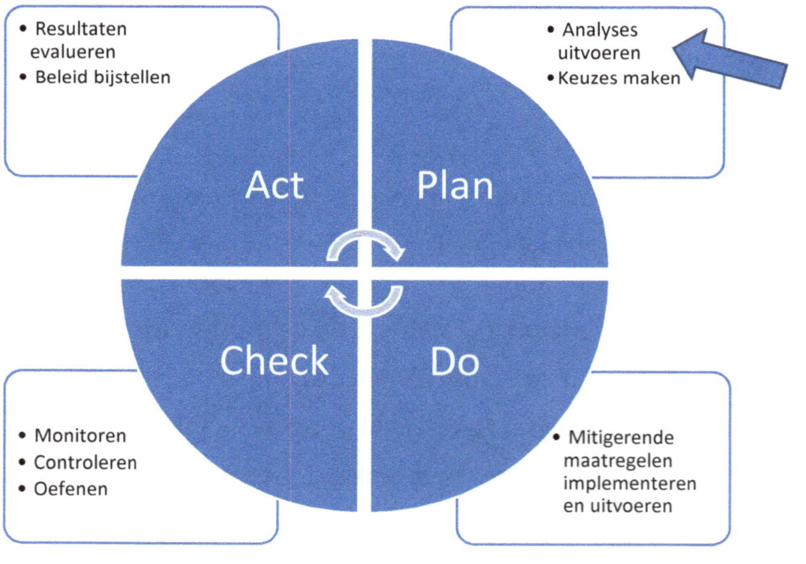

Figuur 4 Risicoanalyse als onderdeel van het VMS

Er kunnen verschillende aanleidingen zijn om een risicoanalyse uit te voeren:

A. Veranderingen in de organisatie

Nieuwe activiteiten, klanten en opdrachtgevers of nieuwe vestigingen kunnen aanleiding zijn te onderzoeken of deze veranderingen nieuwe risico's met zich meebrengen. Ook kunnen investeringsbeslissingen vragen om een passende risicoanalyse.

B. Verandering van de dreiging

Het dreigingsniveau voor de organisatie kan toenemen bijvoorbeeld wanneer een incident heeft plaatsgevonden bij een soortgelijke organisatie (na-aap gedrag), als een reorganisatie leidt tot ontevreden werknemers of als de organisatie in de publiciteit staat en de aandacht trekt van potentiële daders. Ook kan er sprake zijn van een verhoogd alerteringsniveau vanuit de overheid.

C. Ontwikkelingen in de regelgeving

Veranderingen in de regelgeving kunnen aanleiding zijn voor het opnieuw uitvoeren van een risicoanalyse. Bijvoorbeeld wanneer de regelgeving aangeeft dat de scope, diepgang of aandachtspunten moeten worden bijgesteld.

D. Periodieke actualisering

Zoals gezegd is de risicoanalyse een onderdeel van de PDCA-cyclus van het VMS. De risicoanalyse levert de motivatie voor het implementeren van mitigerende maatregelen. De PDCA-cyclus en wetgeving vragen om een periodieke actualisering van de risicoanalyse.

1.4 Vijf stappen van de risicoanalyse

Deze risicoanalyse bestaat uit de volgende vijf opeenvolgende en iteratieve fasen of stappen.

1. Voorbereiding

In de voorbereidingsfase wordt de afbakening voor de risicoanalyse vastgesteld, betrokkenheid verkregen van de leiding, interne en externe experts geraadpleegd en gecommitteerd, de analyse-methode gekozen en een plan van aanpak opgesteld. In deze fase wordt de haalbaarheid (financieel, personeel, tijd etc.) verkend en de doelstelling van de risicoanalyse vastgelegd.

Na de voorbereidingsfase is het plan van aanpak uitgewerkt, is de betrokkenheid van de mensen die hun kennis en expertise beschikbaar stellen geregeld en is helder waarop de risicoanalyse wel en niet betrekking heeft (de afbakening of scope).

2. Belangen- en afhankelijkheidsanalyse

In de belangen- en afhankelijkheidsanalyse wordt in kaart gebracht hoe de organisatie functioneert, welke factoren daarbij een rol spelen, wat de kroonjuwelen van de organisatie zijn, of er 'single points of failure' zijn en welke organisatiebelangen in de risicoanalyse centraal zullen staan.

De belangen van een organisatie, die wellicht bescherming verdienen, kunnen in verschillende categorieën worden ingedeeld zoals: mensen, informatie, imago, goodwill, producten, diensten, bedrijfsprocessen en bedrijfsmiddelen.

Daarnaast wordt in kaart gebracht van welke externe factoren de organisatie afhankelijk is, zoals energie, grondstoffen, deelproducten, koelwater, riolering, telecom en transport.

Na deze analyse hebben we zicht op de verschillende belangen en afhankelijkheden van de organisatie die mogelijk bescherming behoeven.

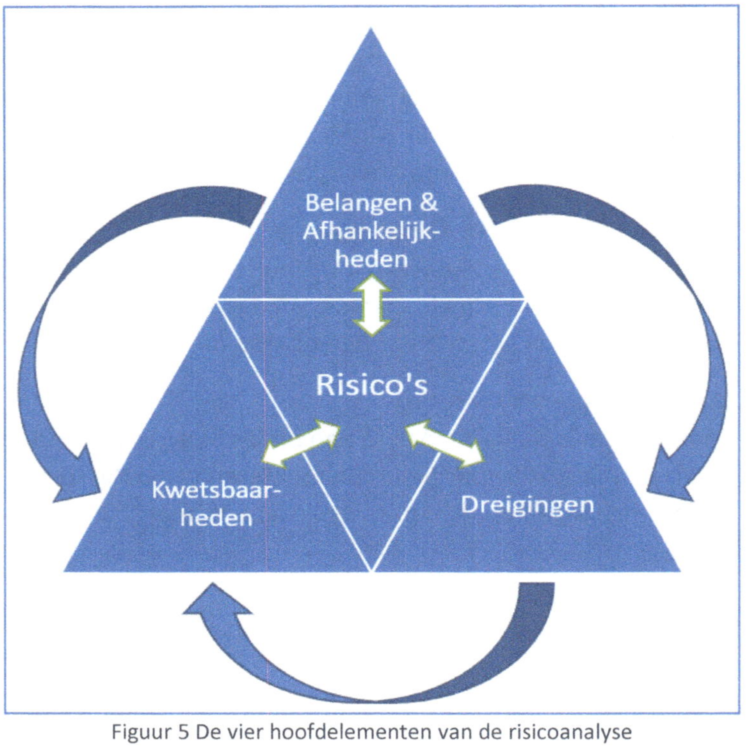

Figuur 5 De vier hoofdelementen van de risicoanalyse

3. Dreigingsanalyse

In de All-Hazard dreigingsanalyse worden verschillende dreigingen geanalyseerd die de begingebeurtenis van ernstige incidenten kunnen zijn:

1. Organisatorisch en technisch falen
2. Bewust menselijk handelen
3. Natuurgeweld
4. Uitval vitale infrastructuur
5. Overige calamiteiten

Organisatorisch en technisch falen leiden tot incidenten veroorzaakt door menselijke fouten, procedurele problemen en gebrek aan samenwerking, alsmede falende techniek zoals kabelbreuk, vastlopende onderdelen en computerstoringen. Bewust menselijk handelen zijn incidenten veroorzaakt door mensen die door moedwillig handelen de organisatie schade toebrengen, zoals criminelen, vandalen en terroristen. Natuurgeweld zijn incidenten veroorzaakt door externe oorzaken zoals (natuur)brand, neerslag, (zonne)stormen en aardbevingen. Uitval vitale infrastructuur zijn incidenten veroorzaakt door uitval van systemen buiten de eigen organisatie zoals elektriciteit, internet, transport en toeleveranciers.

Alle realistische dreigingen kunnen in de All-Hazard risicoanalyse worden benoemd, geanalyseerd, ingeschat en onderling worden gerangschikt. Mits daarvoor de juiste expertise wordt ingeschakeld.

Na de dreigingsanalyse hebben we zicht op de meest relevante dreigingen voor de organisatie.

4. Kwetsbaarheidsanalyse

In de kwetsbaarheidsanalyse worden de weerbaarheid en veerkracht van de organisatie in kaart gebracht, uitgaande van de te beschermen belangen uit de belangen- en afhankelijkheidsanalyse en de vastgestelde reële dreigingen uit de dreigingsanalyse.

De weerbaarheid en veerkracht van de organisatie bestaan onder andere uit de volgende type maatregelen:

- proactieve maatregelen zoals het voorbereiden op crises- en noodsituaties met oefenplannen en draaiboeken,
- preventieve maatregelen zoals beveiliging, veiligheid en redundantie,
- repressieve maatregelen zoals crisismanagement en brandbestrijding,
- responsmaatregelen zoals uitwijk- en herstelmaatregelen (continuïteitsmanagement).

Na deze analyse hebben we zicht op de gerealiseerde weerbaarheid en veerkracht van de organisatie tegen eerdergenoemde dreigingen en waar de organisatie kwetsbaar is voor deze dreigingen. Overigens moeten van deze kwetsbaarheden de risico's in de risicoweging worden ingeschat.

5. Risicoweging

De risicoweging is de laatste stap in de risicoanalyse. De drie voorgaande analyses (die van de afhankelijkheden, dreigingen en weerbaarheid & veerkracht) worden gecombineerd en geconcretiseerd in zogenaamde scenario's. In deze scenario's wordt een narratief verteld waarin de oorzaak (begingebeurtenis) en gevolgen (op de organisatie en belanghebbenden) van disruptieve gebeurtenissen (incidenten) zijn opgenomen.

Deze reële scenario's worden geschat op mogelijke impact (waaronder het aantal slachtoffers, de financieel/economische schade en de maatschappelijke schade) en op waarschijnlijkheid. Het risico van deze scenario's is vervolgens de impact maal de waarschijnlijkheid.

Voor de overzichtelijkheid zijn al deze elementen in een risicotabel (ook wel risicoregister) op te nemen. Hierna een schets van deze elementen.

A	B	C	D	E	F	G	H	I	J	K
Begingebeurtenis	**Omschrijving van relevant scenario**	**Impact van gevolgen (I)**	**Waarschijnlijkheid van impactvolle gebeurtenis (W)**	**Risico van impactvolle gebeurtenis (R)**	**Scores**			**Mitigerende maatregelen**	**Resterende kwetsbaarheid**	**Verbeteringen**
Potentiele dreigingen en oorzaken van verstoringen	Uitgaan van bestaande situatie (beveiliging, veiligheid, crisismanagement, redundantie, back-up etc.)	Aantal gewonden, doden, economische schade, duur en omvang van productieverlies (categorie onder Score I)	Uitgaand van bestaande situatie en de geschetste omvang van de impact (categorie onder Score W)	Uitgaand van de geschetste omvang en impact (categorie onder Score R)	I	W	R	Bestaande situatie die het huidige risico helpen beperken	Kwetsbaarheden die verder moeten worden verminderd	Voorstellen om mitigerende maatrgelen in te voeren of te verbetren

Figuur 6 Overzicht van elementen van de risicoanalyse

Nu zijn drie indelingen te maken van de beschreven scenario's: een indeling gerangschikt naar impact, een indeling gerangschikt naar waarschijnlijkheid en een indeling gerangschikt naar risico. Hiermee zijn prioriteringen te maken van scenario's die relatief vaak voorkomen, scenario's die relatief veel schade veroorzaken en scenario's die een relatief hoog risico vormen. In een risicomatrix kunnen de gekwalificeerde risico's worden weergegeven. Zie ook *Bijlage 10: Voorbeeld van een 5 x 5 risicomatrix*.

Na de risicoweging hebben we zicht op de relatieve impact, waarschijnlijkheid en risico's van reële scenario's voor de organisatie. Dat inzicht vormt de basis voor een discussie die ná de risicoanalyse kan worden gevoerd, namelijk de discussie of de gevonden risico's aanleiding vormen om aanvullende mitigerende maatregelen te treffen.

In de volgende hoofdstukken wordt per stap van de risicoanalyse een uitgebreide toelichting gegeven waarbij tools (modellen en checklists) worden beschreven die bij deze stappen kunnen worden gebruikt.

2 Stap 1: Voorbereidingsfase

2.1 Kern van de voorbereidingsfase

In de voorbereidingsfase worden de betrokkenheid voor de risicoanalyse verkregen en de scope en werkwijze uitgewerkt. Deze fase leidt tot een concreet plan van aanpak. Onderwerpen die in het plan van aanpak aan de orde kunnen komen zijn (zie ook *Bijlage 2: Checklist voor de voorbereidingsfase*):

- opdrachtgever, uitvoerders, belanghebbenden,
- scope, diepgang, afbakening,
- fasering, doorlooptijd, planning,
- kosten, manuren, faciliteiten,
- verantwoording, aansturing, tussenrapportages,
- geheimhouding, vertrouwelijkheid, need-to-know.

2.2 Betrokkenheid

Het is belangrijk om de betrokkenheid van de eigen organisatie en van externen (die bijvoorbeeld specifieke competenties en expertise inbrengen) goed te waarborgen. De interne betrokkenheid en draagvlak binnen de organisatie betreft twee dimensies.

Ten eerste moet het verantwoordelijke management (bijvoorbeeld directie, Raad van Bestuur, MT) hun betrokkenheid bij of het belang van de risicoanalyse onderstrepen. Zij geven de opdracht voor het uitvoeren van de risicoanalyse en nemen op basis van de analyse soms ingrijpende beslissingen.

Ten tweede dienen de medewerkers te worden geïnformeerd over en betrokken bij de analyse. Zij hebben immers de kennis over het reilen en zeilen van de organisatie en over mogelijke kwetsbaarheden. Ook kunnen zij met de informatie uit de risicoanalyse beter beoordelen hoe zij kunnen bijdragen aan het mitigeren van geconstateerde risico's.

2.3 Expertise

Interne en externe partijen kunnen de nodige specifieke expertise voor de analyse leveren. Ervaren medewerkers kennen het reilen en zeilen van de organisatie en de interactie met de omgeving. Zij hebben kennis van single points of failure, kroonjuwelen, attractieve c.q. kostbare materialen, goederen en machines, kwetsbare processen, systemen, machines en van bijzondere projecten of periodes die de organisatie extra kwetsbaar maken.

In de eigen organisatie is vaak minder kennis van en/of ervaring met de waarschijnlijkheid van verschillende reële bedreigingen, de ontplooiing van scenario's en de effectiviteit van mitigerende maatregelen. Voorbeelden van externen zijn onderzoekers, wetenschappers en consultants van bijvoorbeeld onderzoeksinstellingen, overheid en adviesbureaus.

De volgende kennis en ervaring is nodig voor het maken van een goede All-Hazard risicoanalyse:

- projectmanagement, interviewen en het leiden van consensusbijeenkomsten,
- All-Hazard risicoanalyses,
- de organisatie, bedrijfsprocessen, supply chain en afhankelijkheden,
- effecten, omvang en impact van potentiële incidenten,
- reële dreigingen (begingebeurtenissen),
- veiligheids- en continuïteitsmanagement,
- de samenhang tussen de verschillende domeinen (zowel dreigingen als mitigerende maatregelen) zoals: veiligheid (brand, Arbo, Bhv), natuurgeweld (bliksem, storm, overstroming, aardbeving), beveiliging (organisatorisch, fysiek, cyber), crisisbeheersing, Emergency Management en Business Continuity.

2.4 Scope en diepgang

De scope en diepgang van de risicoanalyse moet tijdig worden overeengekomen en vastgesteld. Hiermee wordt het doel en de reikwijdte van de analyse duidelijk en kunnen verwachtingen worden gemanaged. De risicoanalyse is af te bakenen op basis van de volgende aspecten.

Onderwerp van de risicoanalyse: wat wordt onderzocht? Wat valt binnen de scope van het onderzoek, zoals organisatieonderdelen, bedrijfsprocessen, vestigingen of locaties.

Soort risico: welke risico's zijn relevant? In deze leidraad gaat het om risico's van natuurgeweld, moedwillige fysieke verstoringen, digitale aanvallen, het falen van machines, infrastructuur en/of mensen.

Soort impact: welke schadesoort wordt verwacht? Staan mensenlevens op het spel of staan bedrijfseconomische schade en het voortbestaan van de organisatie centraal, of kan ook buiten de organisatie veel schade ontstaan, zoals: schade aan omwonenden, milieuschade of schade bij afnemers van de organisatie.

Diepgang van de analyse: hoe gedetailleerd moet de analyse zijn? Wordt de risicoanalyse uitgevoerd op hoofdlijnen (die dient als een eerste inventarisatie op basis waarvan nader onderzoek kan worden gedaan naar de grootste of meest complexe risico's) of zijn de hoofdlijnen al bekend en wordt juist de diepte gezocht met oog voor details om beter de effectiviteit van mitigerende maatregelen te kunnen beoordelen.

Frequentie van de risicoanalyse: met welke regelmaat worden analyses uitgevoerd? Is dit de eerste analyse of de zoveelste in de PDCA-cyclus van de organisatie. Hoever moet de analyse vooruitkijken en toekomstige risico's inschatten.

Compliance: welke verplichtingen heeft de organisatie ten aanzien van deze analyse? Is de analyse verplicht vanwege wet- en regelgeving (zoals de Europese richtlijnen CER en NIS2), zijn er contractuele redenen of is het een onderdeel van een (zelf)opgelegde norm. Bovendien moeten wellicht de (afwezigheid van) verplichte maatregelen in de (kwetsbaarheid)analyse worden benoemd.

2.5 Planning en verantwoording

Het uitvoeren van een risicoanalyse is een project op zich. Veel organisaties hanteren een vastgelegde structuur voor projectmanagement voor het plannen, organiseren, structureren, afbakenen en uitvoeren van projecten. In een projectplan (ook wel Project Brief in Prince2) wordt dit vastgelegd. Een tijdspad, eindpunt, verwacht resultaat en inschatting van manuren hoort daarbij.

Belangrijk is om de taken en verantwoordelijkheden te benoemen van de opdrachtgever, opdrachtnemer, experts en andere deelnemers aan de risicoanalyse en belanghebbenden.

2.6 Resultaat

Na de voorbereidingsfase is voldoende bewustwording en draagvlak voor het uitvoeren van een risicoanalyse verkregen. Ook is een plan van aanpak gemaakt die richting en houvast geeft voor het uitvoeren van de All-Hazard risicoanalyse.

3 Stap 2: Belangen- en Afhankelijkheidsanalyse

3.1 Kern van de analyse

In de belangen- en afhankelijkheidsanalyse wordt in kaart gebracht hoe de organisatie functioneert, welke interne en externe factoren daarbij een rol spelen en welke belangen in de risicoanalyse centraal zullen staan. De belangen van een organisatie die wellicht bescherming verdienen kunnen in verschillende categorieën worden ingedeeld zoals: mensen, informatie, producten, diensten, bedrijfsprocessen en bedrijfsmiddelen.

Gezocht wordt naar die onderdelen van de organisatie die bij uitval, manipulatie of verlies de organisatie en haar belanghebbenden ernstige schade berokkenen. Daarbij kan het gaan om verschillende soorten schade, bijvoorbeeld: letselschade of overlijden, financieel economische schade, schade aan het milieu en schade aan het imago van de organisatie of haar belanghebbenden.

Daarnaast wordt in kaart gebracht van welke externe factoren de bedrijfsprocessen van de organisatie afhankelijk zijn, zoals energie, grondstoffen, koelwater, riolering, telecom, transport en leveranciers.

De volgende vragen kunnen helpen de belangen en afhankelijkheden te identificeren:

1. Hoeveel mensenlevens kunnen in gevaar komen bij een incident?
2. Welke stoffen of bedrijfsprocessen kunnen bij manipulatie gevaar voor mens en milieu opleveren?
3. Wat zijn de cruciale bedrijfsprocessen en onderdelen die niet snel gerepareerd of vervangen kunnen worden?
4. Van welke leveranciers en aanvoer is de organisatie afhankelijk? Heeft die aanvoer single points of failure?
5. Hoe kunnen ernstige gezondheidsschade, doden en gewonden, financieel-economische schade, politiek-maatschappelijke schade of milieuschade via de manipulatie van bedrijfsprocessen, stoffen of onderdelen worden veroorzaakt?

Hierna worden drie hulpmiddelen beschreven voor de afhankelijkheidsanalyse. Ten eerste de *systeemanalyse* (§ 3.2) waarbij de bedrijfsprocessen en -systemen met in- en output, regelkring en de belangrijkste onderdelen daarvan met hun relaties in kaart worden gebracht.

Ten tweede de *omgevingsanalyse* (§ 3.3). Daarin komt vooral de relatie tussen de organisatie en anderen aan de orde, als ook de afhankelijkheden. Denk aan de relatie met toeleveranciers, afnemers, toezichthouders en hulpdiensten.

Als derde het *classificeren* (§ 3.4) van de belangrijkste belangen en afhankelijkheden. Hiermee kunnen deze bedrijfsprocessen, systemen en middelen worden gerangschikt en geprioriteerd.

3.2 Systeemanalyse

Een systeemanalyse is gebaseerd op de *Systeemtheorie.* Dit is een multidisciplinaire theorie over de systematische beschouwing van systemen. De theorie is gericht op de complexiteit en onderlinge afhankelijkheid tussen en binnen systemen. De systeemanalyse is bij uitstek geschikt om complexe organisaties, technische bedrijfsprocessen en uitgestrekte informatiesystemen met al hun onderdelen en afhankelijkheden te doorgronden.

In de systeemanalyse wordt die complexiteit vereenvoudigd door alleen naar relevante onderdelen en aspecten van het systeem (de organisatie) te kijken. Het systeem, subsystemen, onderdelen, aspecten, relaties en afbakening worden door de onderzoekers op een bepaald aggregatieniveau geïnventariseerd en geanalyseerd.

Door te beginnen met een inventarisatie van primaire en secundaire bedrijfsprocessen met gerelateerde onderdelen is mogelijk een compleet overzicht te maken van de organisatie. Het procesmodel uit de systeemleer kan daarbij behulpzaam zijn.

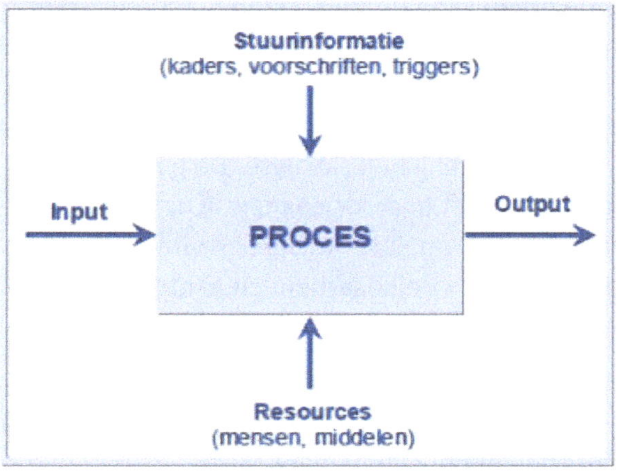

Figuur 7 Procesmodel uit de systeemleer

Hierna is ter illustratie een vereenvoudigd model van een organisatie in haar omgeving weergegeven (hoogste aggregatieniveau). Afhankelijk van de scope en de inhoud van de risicoanalyse zal het aggregatieniveau, eventueel per subsysteem of onderdeel, worden verlaagd.

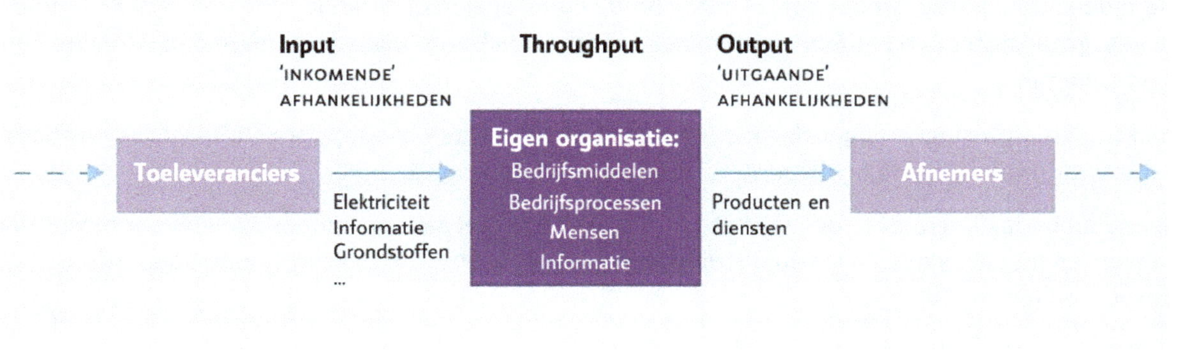

Figuur 8 Systematische weergave van de organisatie in de omgeving

Ook kunnen besturingselementen, regelkringen en beïnvloedingsfactoren worden toegevoegd als dat relevante inzichten oplevert.

Een plattegrond van een gebouw of locatie is ook een voorbeeld van een schematische weergave. Voor de risicoanalyse kunnen daarin naast de belangen en afhankelijkheden uit de systeemanalyse, ook de mitigerende maatregelen uit de weerstandsanalyse en de scenario's uit de dreigingsanalyse worden weergegeven.

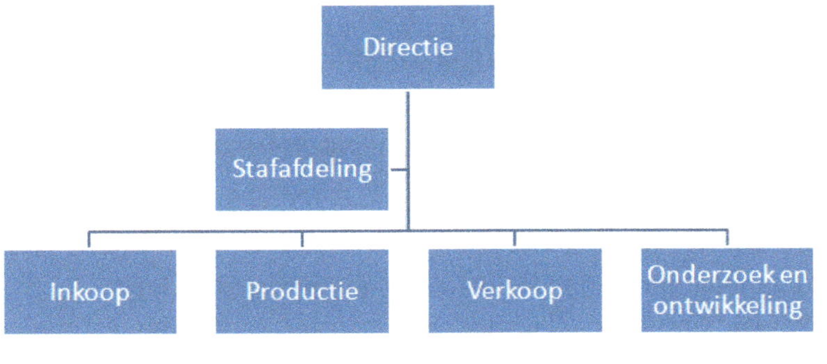

Vervolgens kennen we nog het organogram. Daarmee wordt de structuur van de organisatie inzichtelijk evenals wie de verantwoordelijken en wie de sleutelfunctionarissen voor de risicoanalyse (of voor het Veiligheidsmanagementsysteem) zijn.

Figuur 9 Simpele organisatiestructuur met afdelingen

Met de systeemanalyse kunnen we in kaart brengen wat de belangrijke onderdelen, systemen, aspecten en relaties van de organisatie zijn en wat er in- en uitgaat. Van wie de input komt en wie de afnemers zijn. Kortom: alles wat noodzakelijk is voor de organisatie om te kunnen functioneren en wat de organisatie levert aan producten en diensten.

3.3 Omgevingsanalyse

De omgevingsanalyse is een belangrijk onderdeel van de afhankelijkheidsanalyse. De fysieke omgeving van de organisatie en de plek in de bedrijfskolom moet in de risicoanalyse ook in kaart worden gebracht. Dit geeft zicht op mogelijke afhankelijkheden van leveranciers en vitale infrastructuur, op belanghebbenden buiten de organisatie en op de bereikbaarheid en aantrekkelijkheid van de organisatie voor potentiële kwaadwillenden.

A. Plek in de bedrijfskolom

De plek van de organisatie in de bedrijfskolom (ook wel logistieke keten genoemd) geeft een duidelijk beeld van welke toeleveranciers en bevoorradingsroutes de organisatie afhankelijk is.

Ook kan de plaats in de bedrijfskolom de belangstelling van kwaadwillenden trekken. Zo worden auto's vaker bij dealers gestolen (en bij particulieren) omdat dezelfde auto's in de fabriek en tijdens transport nog niet rijklaar zijn gemaakt (en dus minder aantrekkelijk). Ook worden veel goederen en geld tijdens transport gestolen omdat mitigerende maatregelen dan minder effectief zijn. Bovendien zijn veel grondstoffen en halffabricaten minder aantrekkelijk voor kwaadwillenden dan verpakte eindproducten.

Ook kan een protestactie of aanslag meer impact hebben op een knooppunt in het logistieke proces en dus voor protesterende actievoerders of terroristen attractiever zijn.

Bovendien bepaalt de plek in de logistieke keten vaak hoeveel aandacht en middelen voor beveiliging kan worden uitgetrokken. Zo is een distributiecentrum efficiënter te beveiligen dan honderden afzetpunten (winkels).

B. Fysieke locatie (directe omgeving)

Veel begingebeurtenissen zijn hangen samen met een bepaalde locatie. Zo zal een aardbeving eerder in Limburg dan in Zuid-Holland plaatsvinden. En de waarschijnlijkheid van een overstroming is in de uiterwaarden en polders hoger dan op de Utrechtse Heuvelrug. Dit noemen we ook wel situationeel afhankelijk.

Ook kunnen in de directe omgeving relevante kwaadwillenden zijn. Bedrijven nabij woonwijken hebben meer last van hangjongeren dan bedrijven op afgelegen industrieterreinen. Organisaties in de buurt van een voetbalstadion hebben meer overlast van voetbalfans en in de binnenstad is doorgaans meer overlast van daklozen enz.

Ook kan de directe omgeving bepaalde ongewenste daden faciliteren. Zo zijn organisaties in de buurt van op- en afritten van snelwegen aantrekkelijk vanwege de goede bereikbaarheid en vluchtwegen. Ook biedt de omgeving soms uitgebreide mogelijkheden voor de kwaadwillende om observaties en verkenningsacties uit te voeren, zonder zelf opgemerkt te worden.

Een organisatie met twijfelachtige reputatie in een kwetsbaar milieugebied of nabij een woonwijk zal eerder de aandacht van protesterende belanghebbenden trekken dan eenzelfde organisatie weggestopt op een industrieterrein. Bovendien zullen activisten en terroristen eerder een actie organiseren op markante plekken en in belangrijke (hoofd)steden dan in de provincie en buiten het zicht van het publiek. Ook de aanwezigheid van mensen om beelden van de acties te kunnen verspreiden via sociale media, speelt hierbij een rol.

De volgende elementen in de omgeving kunnen de risico's van de organisatie beïnvloeden en verdienen daarom extra aandacht.

1. **Omwonenden**: afstand en aantal woningen. Omwonenden kunnen de sociale veiligheid verhogen (houden 24/7 een oogje in het zeil) maar kunnen ook voor overlast zorgen (hangjongeren). Bovendien zijn omwonenden een belangrijke factor in de externe veiligheid.
2. **Voorzieningen waar veel mensen komen**: afstand en aantal mensen. Stadions, pretparken, scholen en bijvoorbeeld sportaccommodaties trekken mogelijk ook kwaadwillenden aan of kunnen voor overlast zorgen. Ook kunnen festiviteiten in de omgeving die heel veel mensen trekken (bijvoorbeeld een groot jaarlijks popfestival) voor overlast zorgen.
3. **Buurbedrijven**: aantal en type bedrijven c.q. bedrijfsterrein. Buurbedrijven kunnen kwaad-willenden aantrekken waardoor de organisatie ook wordt gespot. Buurbedrijven kunnen ook de aandacht van kwaadwillenden afleiden (bijvoorbeeld omdat hun beveiliging minder is). Bovendien kunnen organisaties samenwerken om hun omgeving (bedrijfsterrein) te beveiligen.
4. **Onoverzichtelijk en ongecontroleerd gebied**: parkeerplaatsen, park, natuurgebied, braakliggend terrein. Soms leent de omgeving zich om onopgemerkt (zonder verdenking op te roepen) observaties en voorbereidingshandelingen uit te voeren door kwaadwillenden.
5. **Ontsluitingswegen**: aantal en type aanvals- en vluchtwegen. Ontsluitingswegen kunnen geschikt zijn (of juist niet) voor verschillende vervoersmodaliteiten (te voet, fiets, auto, schip, trein) van de kwaadwillende, maar ook voor de interventie (beveiligers, politie en brandweer).
6. **Ondergronds en in de lucht**: onverwachte dreigingen. Riolering, riviertjes of afwateringskanalen onder het terrein of hoogspanningsleidingen, vliegroutes of bruggen boven het terrein kunnen risico's met zich meebrengen.
7. **Natuurlijke omgeving**: bos- en heidegebied, hoog- of laaggelegen, aan een rivier of dicht bij de zee. Bos- en heidebranden zijn natuurlijk locatieafhankelijk. Ook overstromingen zijn niet overal even waarschijnlijk.

3.4 Classificeren van belangen en afhankelijkheden

Via de voorgaande analyses zijn locaties, bedrijfsonderdelen, bedrijfsprocessen, functies, goederen en interne en externe afhankelijkheden schematisch in kaart gebracht. Daarna is het mogelijk deze belangen en afhankelijkheden te beoordelen naar belangrijkheid voor de organisatie, bijvoorbeeld door ze te rangschikken of te classificeren (verdelen in klassen of categorieën).

Het beschermen van de veiligheid, integriteit en welbevinden van mensen is altijd de belangrijkste prioriteit voor iedere organisatie. Daarna komt het beschermen van de continuïteit van de organisatie. Reële All-Hazard scenario's die deze belangen zouden kunnen schaden dienen, binnen het redelijke te worden voorkomen. De organisatie dient haar verantwoordelijkheid hiervoor te nemen door te onderzoeken hoe groot de mogelijke impact van de reële scenario's kan zijn en welke mitigerende maatregelen getroffen kunnen worden.

Het classificeren van belangen in de belangenanalyse is daarom grotendeels gebaseerd op de impact die de scenario's op mensen kunnen hebben. De volgende aspecten worden hiervoor gebruikt:

- aantal getroffen mensen (slachtoffers),
- omvang van het lichamelijk of geestelijk letsel (van zeer licht tot dodelijke afloop),
- duur van de opgelopen letselschade (direct, korte periode, levenslang).

Maar ook andere aspecten kunnen effectief zijn om de belangen van een organisatie te ordenen naar belangrijkheid. De volgende aspecten worden vaak gebruikt voor bedrijfssystemen en -onderdelen:

- afwezigheid van alternatieven (enkelvoudig uitgevoerd, geen uitwijk, geen back-up),
- vervangingswaarde (de kosten van reparatie of vernieuwing na ernstige schade),

- hersteltijden (de tijd waarbinnen het systeemdeel gerepareerd of vervangen worden).

In de informatieleer wordt de belangrijkheid van informatie en informatiesystemen vaak geclassificeerd naar:

1. Beschikbaarheid (hoelang mag uitval wel of juist niet duren).
2. Vertrouwelijkheid (wie mogen wel of juist geen kennisnemen).
3. Integriteit (gevoeligheid voor manipulatie of fraude).

Organisaties gebruiken vaak een eigen classificatiesysteem die uitgaat van een mix of aangepaste categorieën die zijn afgestemd op de specifieke kenmerken van de organisatie. Belangrijk is om vast te stellen dat aspecten worden meegewogen die onderscheidend zijn (verschillende risico's belichamen) en elkaar weinig of niet overlappen (om het dubbelwegen van risico's te voorkomen).

Door deze onderdelen te inventariseren en categoriseren ontstaat naast een beeld van de organisatie ook een beeld van mogelijk potentieel kwetsbare aspecten van de organisatie. Dit beeld komt bij de dreigingsanalyse en kwetsbaarheidsanalyse weer van pas.

In *Bijlage 3: Lijst van belangen en afhankelijkheden* is een niet limitatieve lijst opgenomen van organisatiebelangen en afhankelijkheden voor het analyseren van organisaties.

De belangrijkste belangen en afhankelijkheden kunnen met een korte motivatie, een typering en categorie in een overzicht geplaatst worden; zoals onderstaand tabel.

Belang/afhankelijkheid	Motivatie	Type	Cat.
Monteurs	Werken met gevaarlijke stoffen	S	B
Patent	Voorsprong op concurrentie	V	B
Elektriciteit	Hele productieproces is elektrisch	B	A
...			

Figuur 10 Tabel voor het classificeren van belangen en afhankelijkheden

Belangen kunnen worden getypeerd en geclassificeerd, bijvoorbeeld met termen uit het onderstaande schema.

Type	Categorie		
	Aanzienlijk (C)	Groot (B)	Zeer Groot (A)
Safety (S)	Alleen betrokkenen	Anderen op locatie	Ook buiten de locatie
Beschikbaarheid (B)	Ondersteunend	Belangrijk	Cruciaal
Vertrouwelijkheid (V)	Ondersteunend	Belangrijk	Cruciaal
Integriteit (I)	Ondersteunend	Belangrijk	Cruciaal
Waarde (W)	Maandomzet	Tussen in	Meer dan jaaromzet

Figuur 11 Schema voor classificeren van belangen naar belangrijkheid

3.5 Resultaat

Na de belangen- en afhankelijkheidsanalyse hebben we zicht op het functioneren van de organisatie (intern en als onderdeel van een bedrijfskolom), de interactie met de omgeving en de lokale situatie. Ook zijn de belangen van de organisatie geïdentificeerd en geclassificeerd naar belangrijkheid.

4 Stap 3: Dreigingsanalyse

4.1 Kern van de dreigingsanalyse

In de All-Hazard dreigingsanalyse onderscheiden we vijf verschillende dreigingen (ook wel begingebeurtenissen) waar organisaties mee te maken krijgen:

1. Organisatorisch en technisch falen (ongelukken)
2. Bewust menselijk handelen (criminele incidenten)
3. Natuurgeweld (rampen)
4. Uitval vitale infrastructuur en ketenpartners (keteneffecten)
5. Overige calamiteiten

1. Organisatorisch en technisch falen

Met organisatorisch en technisch falen worden incidenten bedoeld als gevolg van organisatorische knelpunten, onopzettelijk menselijk handelen of door technische gebreken. De oorzaken van deze bedreigingen moeten dus in de organisatie worden gezocht. Voorbeelden hiervan zijn menselijke fouten en vergissingen, hoge werkdruk, onvoldoende toezicht, achterstallig onderhoud, ontwerp- of installatiefouten en technische storingen.

Dit zijn gebeurtenissen die normaliter in de reguliere bedrijfsvoering worden geadresseerd. Hiertoe worden verschillende afdelingen, functies en activiteiten ingezet zoals asset management, ontwerp, onderhoud, training, kwaliteitszorg, inspecties en audits. Een bekende analysemethode voor organisatorisch en technisch falen is de BowTie-methodiek.

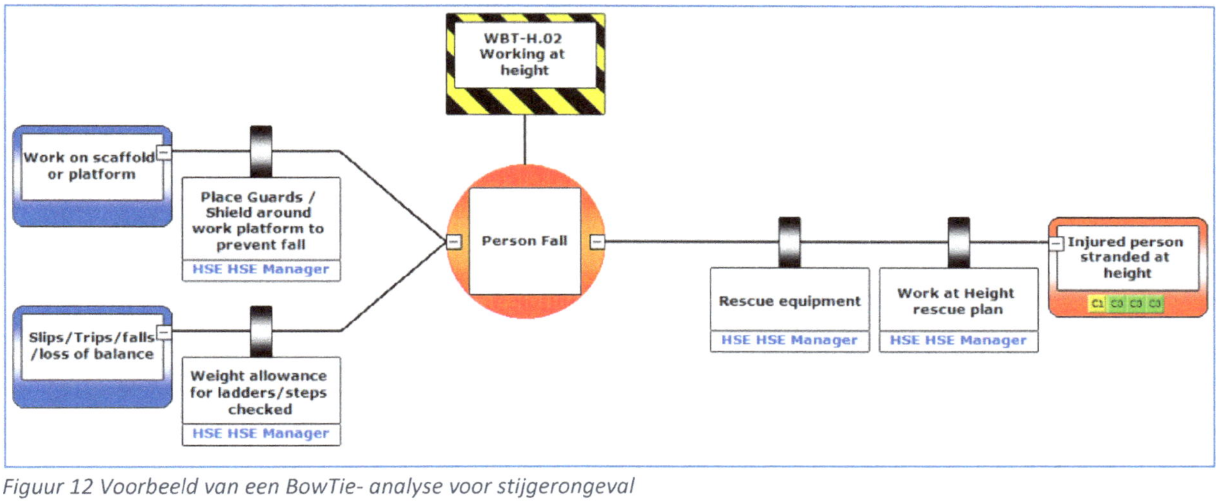

Figuur 12 Voorbeeld van een BowTie- analyse voor stijgerongeval

Veel reguliere activiteiten van een organisatie zijn erop gericht om dit falen te analyseren, te verminderen en te vermijden. Resultaten van bestaande analyses over dit falen kunnen in de risicoweging en risicomatrix van deze All-Hazard risicoanalyse een plaats krijgen.

Bovendien kan naar aanleiding van de risicoanalyse besloten worden de inspanningen van de organisatie op dit vlak te vergroten.

Zie *Bijlage 4: Lijst All-Hazard bedreigingen* voor meer voorbeelden van organisatorisch en technisch falen.

2. Bewust menselijk handelen

Met bewust menselijk handelen worden incidenten bedoeld die zijn veroorzaakt door moedwillig en vaak wederrechtelijk handelen van mensen (daders) binnen of buiten de organisatie. Het analyseren van deze bedreiging is gecompliceerd omdat:

- motivaties en capaciteiten van daders divers zijn en steeds veranderen,
- daders inventief zijn en leren van hun ervaringen,
- modi operandi worden aangepast op getroffen mitigerende maatregelen,
- hupmiddelen van daders evalueren (effectiever en efficiënter),
- daders zijn er in vele soorten en maten,
- daders fysiek en digitaal kunnen toeslaan,
- de daden en de gevolgen vaak moeilijk te voorspellen zijn,
- insiders de kwetsbaarheden van de organisatie kennen.

Voorbeelden van bewust menselijk handelen zijn diefstal, fraude, vandalisme, brandstichting, hacking, bedreiging, sabotage en beschieting.

Dit zijn gebeurtenissen waar de meeste organisaties niet dagelijks mee bezig zijn. Vooral de niet-dagdagelijkse dreigingen worden vaak verkeerd of niet geadresseerd. Voor de digitale (cyber) dreigingen is daarentegen steeds meer aandacht, zowel van organisaties als van de overheid.

De uitdaging ligt erin alle mogelijke daders (kwaadwillenden die willens en wetens de organisatie schade toebrengen) en hun daden (ongewenste activiteiten die zij uitvoeren) te analyseren. Daarbij moet enerzijds het mogelijke gevolg (impact) van de daden worden geduid. En anderzijds de waarschijnlijkheid dat een dergelijk incident zich zal voordoen.

Een handig hulpmiddel voor deze dreigingsanalyse is de dader-daadmatrix. Daarbij wordt gebruik gemaakt van een maatgevende inventarisatie van dadertypen en hun mogelijke daden.

Dadertypen zijn bijvoorbeeld criminelen, vandalen, terroristen en ontspoorde medewerkers. Daden zijn zoals eerder genoemd bijvoorbeeld diefstal, fraude, vandalisme, brandstichting, hacking, bedreiging, sabotage en beschieting.

De ingevulde dader-daadmatrix geeft inzicht in voor de organisatie relevante dader-daad-combinaties. Voor deze dader-daadcombinaties kunnen bijpassende doelen in de organisatie worden gevonden. De inventarisatie uit de belangenanalyse kan daarbij worden gebruikt. Nu ontstaan relevante dreigingsscenario's (combinaties van dader, daad en doelwit) die in de All-Hazard analyse kunnen worden gerangschikt naar impact en waarschijnlijkheid.

Zie *Bijlage 6: Analyse van onbevoegd handelen* voor een nadere beschrijving van deze analyse, vooral voor het bepalen van de waarschijnlijkheid van de dreigingsscenario's.

3. Natuurgeweld

Onder natuurgeweld verstaan we dreigingen van buitenaf die *niet* door mensen worden veroorzaakt. Vooral natuurverschijnselen die niet frequent plaatsvinden maar veel impact hebben, verdienen onze aandacht. Denk bijvoorbeeld aan aardbevingen, overstromingen, blikseminslag, heidebrand en zonnestormen.

De resultaten van analyses van dergelijk natuurgeweld en de mogelijke impact op de organisatie daarvan worden in deze risicoanalyse opgenomen. Belangrijk is dat generieke analyses over natuur-geweld worden bijgesteld naar de context van de organisatie.

Zie *Bijlage 7: Analyse natuurgeweld* voor dergelijke generieke analyses van natuurgeweld.

4. Uitval vitale infrastructuur en ketenpartners

Veel organisaties zijn afhankelijk van hun ketenpartners (leverancier en afnemers) en vitale infrastructuur (energie, transport, telecom etc.). Langdurige (en soms zelfs tijdelijke) verminderde beschikbaarheid of uitval hiervan kan de bedrijfsprocessen beïnvloeden of verstoren. De impact en waarschijnlijkheid van deze gebeurtenissen zijn situationeel afhankelijk.

In Nederland zijn de vitale infrastructuren door de overheid gedefinieerd. Zie *Bijlage 8: Vitale Infrastructuur Nederland.*

5. Overige calamiteiten

Overige calamiteiten zijn begingebeurtenissen die niet onder voorgaande vier categorieën te vangen zijn, maar wel kunnen worden opgenomen in deze analyse. Voorbeelden zijn een neerstortend vliegtuig, brand veroorzaakt door een buurbedrijf of een vrachtwagen die het bedrijf binnenrijdt. De impact en waarschijnlijkheid van deze gebeurtenissen zijn situationeel afhankelijk.

4.2 Resultaat

Na de dreigingsanalyse hebben we zicht op de meest relevante begingebeurtenissen die de belangen van de organisatie kunnen bedreigen en waarvoor mitigerende maatregelen wellicht nodig zijn.

Begingebeurtenissen worden als relevant beschouwd als ze voldoende realistisch zijn en een wezenlijke bedreiging vormen voor mensen, bedrijfsmiddelen of -processen van de organisatie, dan wel voor de omgeving van de organisatie.

We hebben nu een lijst met begingebeurtenissen waarvan we de risico's voor de organisatie kunnen inschatten. Daarvoor zullen we eerst analyseren hoe kwetsbaar de organisatie voor deze gebeurtenissen is.

5 Stap 4: Kwetsbaarheidsanalyse

5.1 Kern van de kwetsbaarheidsanalyse

In de kwetsbaarheidsanalyse worden de weerbaarheid en veerkracht van de organisatie tegen de geïnventariseerde begingebeurtenissen in kaart gebracht. Zoals in de dreigingsanalyse is gesteld kunnen dit dreigingen zijn van natuurgeweld, organisatorisch en technisch falen of moedwillig menselijk handelen.

In deze analyse worden de weerbaarheid en veerkracht van de organisatie zowel vóór, tijdens als na de begingebeurtenissen onderzocht. Vooral de volgende disciplines spelen daarbij een rol:

- Asset Management: het beheer en onderhoud van de bedrijfssystemen en -processen (in de breedste zin van het woord),
- Safety Management: het beheren en onderhouden van veiligheidssystemen zoals voor brandveiligheid, Arbo en Bhv,
- Security Management: het beheren en onderhouden van organisatorische, fysieke, elektronische en logische beveiligingssystemen (in de breedste zijn van het woord),
- Crisismanagement: het voorbereiden op crisissituaties,
- Continuïteitsmanagement: het voorbereiden op de uitval van bedrijfsprocessen.

Onderstaand schema geeft aan hoe de verschillende disciplines (managementsystemen) elkaar aanvullen.

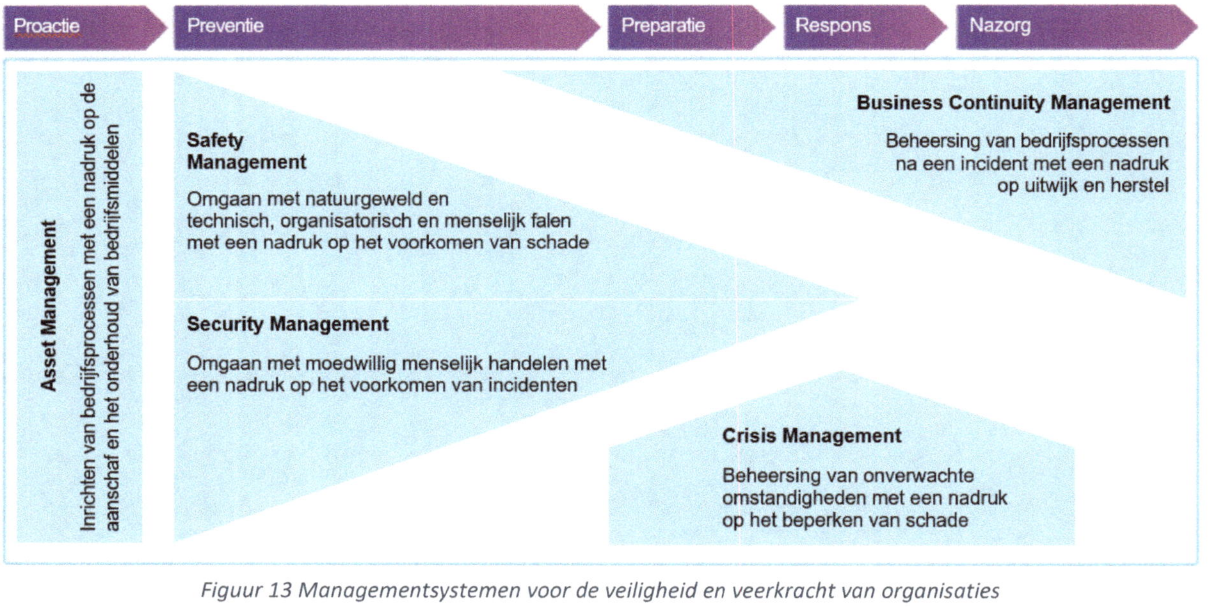

Figuur 13 Managementsystemen voor de veiligheid en veerkracht van organisaties

De nadruk van deze kwetsbaarheidsanalyse ligt bij de weerbaarheid en veerkracht van de organisatie tegen mogelijke dreigingen die in de dreigingsanalyse naar voren zijn gekomen. Het gaat daarbij om de weerbaarheid en veerkracht van mensen, bedrijfsprocessen, middelen, goederen en afhankelijkheden die in de afhankelijkheidsanalyse zijn geduid.

Die weerbaarheid en veerkracht kunnen bestaan uit organisatorische maatregelen, personele maatregelen, fysieke maatregelen (bouwkundig en elektronisch) en/of logische of cybermaatregelen. Hierbij kan een onderscheid worden gemaakt tussen permanente maatregelen en tijdelijke maatregelen, die in werking treden bij een verhoogd dreigingsniveau.

Voor het uitvoeren van een kwetsbaarheidsanalyse kunnen de drie hierna beschreven tools worden gebruikt. Ten eerste de *Safety & Security scan*. Deze scan helpt om systematisch de getroffen veiligheidsmaatregelen van de organisatie in kaart te brengen. Ten tweede de *Business Impact Analyse*, dat de continuïteit van de bedrijfsprocessen analyseert met oog voor redundantie, reparatiesnelheid, vervangbaarheid en reservevoorraden (buffers). Daarna wordt de *Barrière-analyse* beschreven die ook in het veiligheidsdomein veel wordt gebruikt. In de *Pad-analyse* wordt vanuit een geselecteerd daderperspectief de mogelijke aanvalspaden op kwetsbaarheden onderzocht.

5.2 Safety & Security scan

Een belangrijk onderdeel van de risicoanalyse is het beoordelen van de effectiviteit van de getroffen veiligheidsmaatregelen in het licht van geschetste dreigingen. Het gaat dan om een evaluatie van de getroffen mitigerende maatregelen in brede zin. Zijn de getroffen maatregelen voldoende of schieten ze tekort gezien de mogelijke begingebeurtenissen.

5.2.1 Veiligheidsdoelen

Bij het inventariseren en evalueren van mitigerende maatregelen kunnen de volgende veiligheids-doelen relevant zijn.

1. V**eilig werken** om risico's te verkleinen. Veel werkprocessen en procedures zijn ontworpen en geïmplementeerd om de veiligheid op de werkvloer en voor de omgeving te waarborgen. Hiertoe zijn wettelijke kaders en normen ontwikkeld zoals Arbo-regelgeving, Bhv-trainingen, PBM-eisen, ADR-voorschriften, VCA-certificering en NEN 45001 Managementsystemen voor gezond en veilig werken.
2. **Voorkomen** dat risico's kunnen ontstaan. Dit kan door risicovolle situaties te vermijden door bijvoorbeeld: niet onder N.A.P. te bouwen, geen toxische of brandbare stoffen te gebruiken, afhankelijkheid van leveranciers te beperken en geen voor criminelen attractieve goederen en geld voorhanden te hebben.
3. Het **afschermen** van object of systeem tegen manipulatie, verstoring en/of kennisname. De maatregelen houden de dreiging uit de buurt van het doelwit, beperken het direct zicht op die doelen of houden die doelen buiten bereik van de dreiging.
4. Het **tegenhouden** van de dreiging. Deze maatregelen houden de dreiging daadwerkelijk tegen. De begingebeurtenis komt bijvoorbeeld niet door de eerste schil (brandwerend en/of beveiliging) heen.
5. Het tijdig **onderkennen, voorspellen of detecteren** van een begingebeurtenis. Deze maatregelen faciliteren dat de organisatie tijdig kan ingrijpen om de begingebeurtenis tegen te houden, de crisis beter te managen of om de nadelige gevolgen te kunnen beperken.
6. Het **afschrikken en manipuleren** van kwaadwillenden. Deze maatregelen beïnvloeden de perceptie van de dader (bijvoorbeeld over de pakkans) zodanig dat deze zal afzien van zijn voorgenomen daad.
7. Het **vertragen** en **interveniëren**. Deze maatregelen zijn gericht op het opwerpen van barrières zodat de begingebeurtenis wordt afgeremd. Daarna is interventie (respons) mogelijk. De dader wordt bijvoorbeeld tijdig door de politie ingerekend, de beginnende brand wordt tijdig geblust of een ransomware aanval wordt tijdig geneutraliseerd.
8. **Redundantie** van cruciale systemen en onderdelen. Als het ene systeem uitvalt kunnen de belangrijkste taken door een ander systeem worden overgenomen. Extra voorraden grondstoffen of halffabricaten verlagen de kwetsbaarheid van 'Just in time' leveringen.
9. **Uitwijk en back-up** voor belangrijke systemen. Voor cruciale bedrijfsprocessen en systemen kunnen voorzieningen getroffen worden om na calamiteiten zo snel mogelijk weer back-in-business te zijn.

5.2.2 Governance en veiligheidsmanagement

Het gaat hier om de aansturing en het afleggen van verantwoording voor het gevoerde veiligheidsbeleid. Denk aan beleid voor de verschillende veiligheidsdomeinen, toedeling van taken en verantwoordelijkheden, de PDCA-cyclus, risicoanalyses, normatieve kaders, kwaliteitsborging, oefeningen, evaluaties en audits.

5.2.3 Organisatorische en procedurele maatregelen

Het gaat hier om hoe de mitigerende maatregelen een integraal geheel vormen. In een veiligheids- of continuïteitsplan is dan het geheel aan maatregelen beschreven. De maatregelen vinden hun oorsprong in de veiligheidsdoelen en de risicoanalyse. Denk bijvoorbeeld aan het actualiseren van afspraken met ketenpartners, het vergaren van informatie over dreigingen, het opschalen van mitigerende maatregelen bij verhoogde dreiging, procedures voor incidentafhandeling en crisisbeheersing, het organiseren van uitwijk en herstel en veiligheidsprocedures.

5.2.4 Personele maatregelen

Het gaat hier om maatregelen die de kundigheid, betrouwbaarheid en integriteit van het personeel borgen. Denk aan het aannemen en behouden van gekwalificeerd en betrouwbaar personeel, het introduceren, opleiden en trainen van personeel. Ook het continu versterken van de veiligheidscultuur en -bewustzijn is hiervan een onderdeel.

5.2.5 Bouwkundige maatregelen

Het gaat hier om maatregelen die de veiligheidsdoelen fysieke faciliteren. Denk aan stijgers, veiligheidsglas, hekwerken, brand- en braakwerende schillen, compartimentering, waterafvoer, dammen, draaglast van constructies (i.v.m. extreme sneeuw of aardbevingen). Ook het ontwerp en de lay-out van een terrein of gebouw hebben invloed op de (beleving van) veiligheid.

5.2.6 Elektronische en digitale maatregelen

Het gaat hier om elektrische en digitale maatregelen voor detecteren, signaleren, alarmeren, observeren, verificatie en respons (interventie). Denk onder andere aan verlichting, toegangscontrole systemen, detectiesystemen, observatiesystemen (camera's) en alarmsystemen. Ook gaat het om de beveiliging van informatietechnologie (IT) in de kantooromgeving en de procesautomatisering (Industrial Control Systems – ICS) in de bedrijfsprocessen. Denk daarbij aan firewalls, virusprotectie, multi-factor-authenticatie, gelaagde systemen, security operating center (SOC), back-ups en uitwijk.

5.3 Business Impact Analyse

Business Continuity Management (BCM) borgt de continuïteit van de bedrijfsprocessen van een organisatie ook nadat een verstorend incident is opgetreden. De Business Impact Analyse (BIA) is de belangen- en afhankelijkhedenanalyse van BCM. Delen van de BIA en de All-Hazard analyse zijn uitwisselbaar of complementair. Samen geven zij zicht op de mogelijke impact van disruptieve incidenten.

Een periode geen productie draaien of geen diensten leveren kan een organisatie buitengewoon duur komen te staan. Sommige organisaties komen een continuïteitsincident niet te boven en gaan failliet (klanten zijn elders opgevangen). Daarom dient (langdurige) uitval van bedrijfsmiddelen en -processen te worden voorkomen.

In deze All-Hazard risicoanalyse wordt ook het mitigerende effect van BCM-maatregelen op de impact van securityincidenten meegewogen. Alleen zo kan de juiste impact van een securityincident worden geschat.

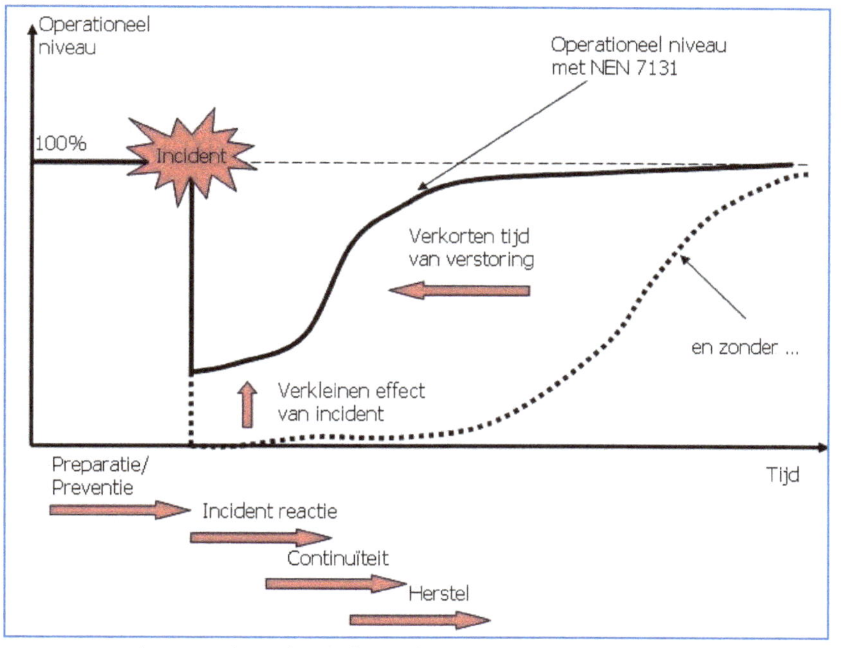

Figuur 14 Incident-gevolganalyse volgens de NEN 7131

Om zicht te krijgen op het vermogen van een organisatie om na een incident snel weer 'up-and-running' te zijn, kunnen de volgende BCM-maatregelen behulpzaam zijn.

1. **Redundantie**. Redundante systemen en systeemonderdelen nemen elkaars functie over zodat kritische bedrijfsprocessen kunnen doorgaan. Bij het ontwerp van redundante systemen is meestal rekening gehouden met onderhoud, slijtage en voorspelbare storingen. Vaak zijn die systemen niet redundant genoeg om extreem natuurgeweld of een kwaadwillende aanval te pareren (het redundante systeemdeel wordt ook geraakt).
2. **Reservevoorraad** (buffers). Als door een incident bedrijfsprocessen komen stil te liggen, kunnen klanten mogelijk uit reserve voorraden worden bediend. Deze buffers kunnen bij de organisatie, zakenpartners of bij de klant zijn opgebouwd. De omvang van de buffers bepaalt hoelang de organisatie heeft om het incident te managen.
3. **Repareerbaarheid**. Voor veel systemen en systeemonderdelen zijn voorbereidingen getroffen om voorspelbare storingen te verhelpen (repareren). Dure systeemonderdelen kunnen vaak niet redundant worden uitgevoerd, en zullen bij falen worden gerepareerd. Het productieproces ligt dan stil. Als reparatie mogelijk is, speelt de reparatietijd een belangrijke factor in het berekenen van de kosten van het productieverlies.
4. **Vervangbaarheid**. Als reparatie niet mogelijk is, moet het systeem(deel) worden vervangen. Dan spelen de vervangingstermijn en de vervangingskosten een rol in het berekenen van de schade en van de tijdsduur van productieverlies.

Deze maatregelen kunnen *na* een disruptief incident de mogelijke gevolgen beperken. Zo kunnen belangrijke bedrijfsprocessen en -middelen die in eerdere analyses kwetsbaar leken, in het licht van de getroffen BCM-maatregelen wellicht robuuster zijn dan eerst werd gedacht.

5.4 Barrière-analyse

In het veiligheidsdomein wordt de barrière-analyse veel gebruikt. Daarbij wordt de oorzaak en het gevolg van een incident in oorzaak- en gevolgrelaties uiteengezet. Vervolgens wordt bekeken welke barrières deze oorzaak-gevolgrelaties kunnen onderbreken. Deze analysemethode die vaak een kwantitatieve insteek heeft, wordt door verschillende software tools ondersteund.

Een hulpmiddel voor het visualiseren van de verschillende barrières is het eerdergenoemde vlinderdasmodel (BowTie). Dat model geeft per scenario zicht op de genomen maatregelen (barrières) om het incident te voorkomen en op de maatregelen (ook barrières) die het gevolg van het incident kunnen verlichten. Per barrière wordt de 'faalkans' of de effectiviteit (doelmatigheid) van de maatregel in een percentage aangegeven.

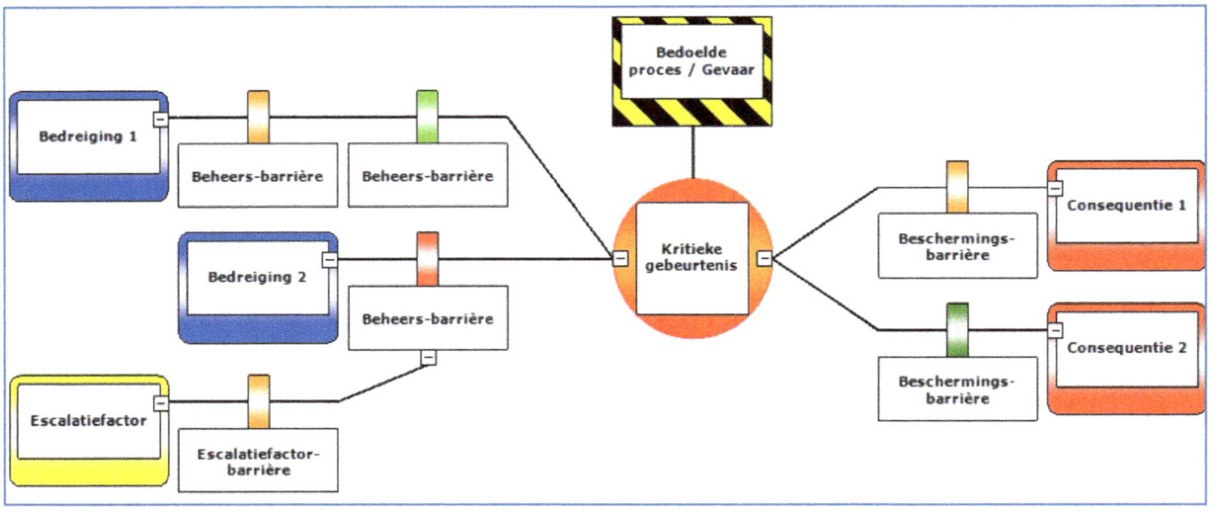

Figuur 15 Schema van een barrièreanalyse (BowTie)

De inzichten uit en resultaten van barrière-analyses kunnen bijdragen of opgenomen worden in de kwetsbaarheidsanalyse van de All-Hazard risicoanalyse.

Pad-analyses voor security

De Pad-analyse is een verbijzondering van het vlinderdasmodel. In onderstaand model is de BowTie voor de Pad-analyse van een beveiligingsincident gebruikt.

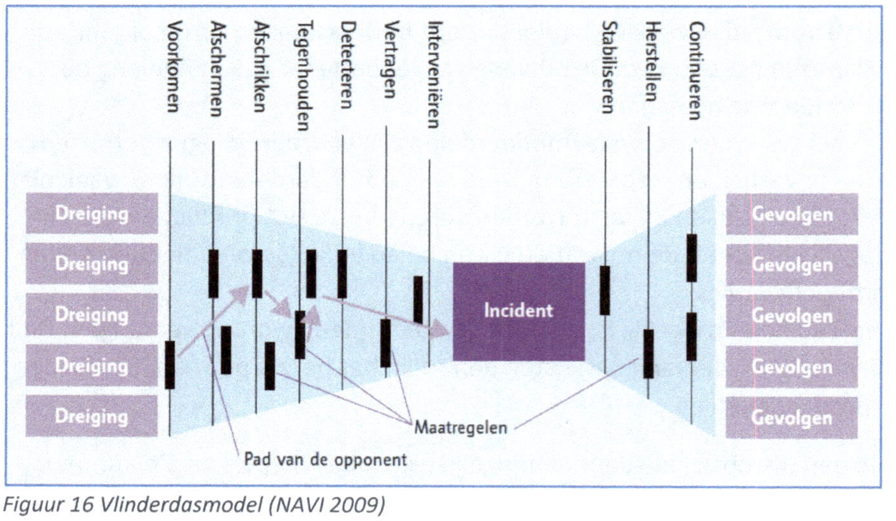

Figuur 16 Vlinderdasmodel (NAVI 2009)

Deze analyse zoekt systematisch naar zwakke plekken in de beveiliging van een organisatie. De onderzoeker onderzoekt de aanvalsroute (pad) met de minste weerstand en maximale doelbereiking (voor de aanvaller).

De pad-analyse gaat uit van realistische scenario's in de actuele situatie en levert daarom 'echte' kwetsbaarheden op. Het aantal en het type kwetsbaarheden is afhankelijk van het aantal en variatie in begingebeurtenissen.

Per scenario worden de paden met de minste weerstand geïnventariseerd en kort beschreven. Telkens wordt gezocht naar een alternatief of een pad met de op één na minste weerstand. Uiteindelijk ontstaat een beeld van de mate waarin de organisatie in staat is om bepaalde aanvallen het hoofd te bieden en waar de zwakke plekken zitten.

Een bekend middel om real life pad-analyses te doen, is het toepassen van een zogenaamde 'mystery guest' of 'red-teaming'. Daarbij wordt iemand of een team ingehuurd die als opdracht heeft één of meerdere scenario's uit te voeren. Soms wordt de mystery guest eerst als gewone gast binnengelaten, om vervolgens zelfstandig op onderzoek uit te gaan.

Een andere variant van een pad-analyse is de penetratietest. Hierbij probeert de onderzoeker om zonder (of met beperkte) autorisaties de systemen van de organisatie binnen te dringen. Kwetsbaarheden van zowel procescontrole systemen, administratieve systemen en veiligheidssystemen kunnen zo worden blootgelegd.

5.5 Kwetsbaarheid per begingebeurtenis

De weerbaarheid en veerkracht van de organisatie zijn nu in kaart gebracht. Rest nog om te bezien hoe kwetsbaar de organisatie is voor de verschillende begingebeurtenissen.

Het volgende schema kan behulpzaam zijn om de weerbaarheid en veerkracht van de organisatie te spiegelen aan relevante dreigingsscenario's. Voor ieder scenario wordt daarin aangegeven in welke mate de bestaande mitigerende maatregelen van de organisatie deze scenario's bemoeilijken, onmogelijk maken of de impact van die scenario's voor de organisatie en de maatschappij beperken. Daar waar de weerbaarheid en veerkracht tekortschieten spreken we van een kwetsbaarheid.

Een scenario is onder controle als de kwetsbaarheidsanalyse uitwijst dat de organisatie voldoende weerbaar is tegen die dreiging, of voldoende veerkracht heeft om een incident of de gevolgen daarvan te managen. De volgende tabel maakt deze weerbaarheid en veerkracht van de organisatie inzichtelijk.

	Mitigerende maatregelen	**Scenario 1**	**Scenario 2**	**Etc.**
1	Scenario of schade voorkomen	Nee	Deels	
2	Belangen afschermen	Deels	Deels	
3	Bedreiging tegenhouden	Deels	Deels	
4	Bedreiging detecteren en mitigeren	Ja	Ja	
5	Redundantie in het systeem inzetten	Nee	Nee	
6	Buffers en voorraden aanspreken	Deels	Nee	
7	Schade tijdig herstellen	Ja	Nee	
8	Tijdelijk uitwijken	Nee	Nee	
9	Risico overdragen	Deels	Deels	
10	Etc.			
	Scenario onder controle	Ja	Grotendeels	

Figuur 17 Weerbaarheid en veerkracht van de organisatie t.o.v. scenario's

5.6 Resultaat

Na de kwetsbaarheidsanalyse hebben we zicht op de weerbaarheid en veerkracht en de kwetsbaarheden van de organisatie in het licht van mogelijke begingebeurtenissen, zowel in algemene zin als in relatie tot specifieke scenario's. Bovendien is zicht ontstaan op mogelijke verbeteringen om de weerbaarheid en veerkracht van de organisatie verder te verhogen.

Een risicoweging geeft vervolgens zicht hoe groot de risico's van deze kwetsbaarheden zijn, en of extra mitigatie wenselijk is.

6 Stap 5: Risicoweging

6.1 Kern van de risicoweging

De risicoweging is de laatste stap in de risicoanalyse. De drie voorgaande analyses (die van de belangen, dreigingen en weerstand) vormen de input hiervoor. De beschreven scenario's waartegen relatief weinig weerstand bestaat, worden gerangschikt naar impact, waarschijnlijkheid en risico. Deze risicoweging bestaat uit kwalitatieve onderbouwingen van de impact en waarschijnlijkheid van de scenario's door ervaren deskundigen.

6.2 Impact-analyse

De impact van een scenario bestaat vaak uit verschillende elementen (schade aan mensen, materieel, informatie, reputatie etc.). De omvang van de impact op die elementen kan in de volgende grootheden worden gekwalificeerd:

- fysiek en geestelijk letsel (aantal dodelijke slachtoffers, gewonden, zieken of getraumatiseerden),
- materiële schade vaak uitgedrukt in geldwaarde (van gederfde inkomsten, schade aan gebouwen en productiemiddelen),
- immateriële schade (schade aan reputatie, gevoel van veiligheid),
- andere belangen zoals de nationale economie, de nationale veiligheid of het milieu.

De veelheid aan elementen die samen de impact vormen, kunnen de impact-analyse onnodig compliceren. Voor de All-Hazard risicoanalyse willen we de scenario's kunnen rangschikken op 'kenmerkende' elementen die eenvoudig zijn te bepalen en universeel zijn toe te passen. In deze risicoweging wordt de impact daarom in drie grootheden uitgedrukt: slachtoffers (mensen), verstoring van processen (continuïteit) en financiële schade (geld).

Slachtoffers
Bij slachtoffers maken we onderscheid in doden en gewonden, en in lichamelijk, geestelijk en langdurig letsel.

Verstoring van processen
Bedrijfsprocessen kunnen worden verstoord en de samenleving kan hinder ondervinden van incidenten bij een organisatie. De mate waarin deze verstorende effecten zijn te kwalificeren, moet per casus (scenario) bekeken worden.

Financiële schade
De financiële schade bestaat uit de opsomming van bijvoorbeeld:

- fysieke schade,
- gederfde omzet,
- herstelkosten,
- economische schade,
- verlies van intellectueel eigendom,
- verkleining van de concurrentievoorsprong,
- kosten van herstel van de milieuschade.

De impact wordt in 'grove' categorieën verdeeld om onnodig rekenwerk te vermijden. Essentieel is dat de schatting wordt gemaakt door ervaren experts op de desbetreffende gebieden.

Hierna volgt een indeling (tabel) met impact-categorieën voor slachtoffers, effect op prosessen en financiële schade in vijf categorieën die in deze risicoanalyse zal worden gebruikt. Andere indelingen zijn ook mogelijk, bijvoorbeeld als een organisatie al een indeling heeft ontwikkeld.

Term	Kort	Slachtoffers	Verstoring van processen	Financiële schade
Zeer Laag	**ZL**	Mensen binnen en buiten de organisatie zullen geen lichamelijk of geestelijk letsel oplopen.	Belemmert de uitvoering van de bedrijfsprocessen in geringe mate en veroorzaakt nauwelijks schade aan belangen van de organisatie.	Tot € 2.000.-
Laag	**L**	Een incident kan leiden tot bedreigende situaties voor een individu of mogelijk tot lichte verwondingen.	Belemmert de uitvoering van de bedrijfsprocessen of veroorzaakt schade aan belangen van de organisatie of de samenleving in beperkte mate.	Tussen € 2.000.- en € 20.000.-
Midden	**M**	Een incident kan leiden tot zeer bedreigende situaties voor individuen of mogelijk tot verschillende lichtgewonden.	Belemmert de uitvoering van de bedrijfsprocessen in enige mate, of veroorzaakt schade aan belangen van de organisatie of de samenleving.	Tussen € 20.000 en € 200.000.-
Hoog	**H**	Een incident kan leiden tot verschillende gewonden en zwaar-gewonden.	Belemmert de uitvoering van de bedrijfsprocessen in ernstige mate of veroorzaakt ernstige schade aan belangen van de organisatie of de samenleving.	Tussen € 200.000.- en € 1.000.000.-
Zeer Hoog	**ZH**	Een incident kan leiden tot langdurig lichamelijk en geestelijk letsel en zelfs tot het verlies van levens.	Belemmert de uitvoering van de bedrijfsprocessen in zeer ernstige mate of veroorzaakt zeer ernstige schade aan belangen van de organisatie of de samenleving.	Meer dan € 1.000.000.-

Figuur 18 Tabel met impactcategorieën

6.3 Schatten van de waarschijnlijkheid

Nu willen we weten hoe groot de kans is dat de impact van de geïnventariseerde scenario's zich daadwerkelijk voordoet. We schatten dus de waarschijnlijkheid van een scenario met een specifieke impact.

De waarschijnlijkheid wordt eveneens in 'grove' categorieën verdeeld om onnodige discussies te vermijden. Probeer daarbij gebruik te maken van historische gegevens om een globale frequentie te schatten. Met extrapolatie is dit ook mogelijk voor scenario's die zich zeer zelden voordoen. Essentieel is dat de schatting wordt gemaakt door ervaren experts op de desbetreffende gebieden. In een risicoregister kunnen deze aspecten worden genoteerd en hun invloed op de waarschijnlijkheid gewogen.

Onderstaande tabel kan worden gebruikt om de waarschijnlijkheid van scenario's te classificeren.

Term	Kort	Waarschijnlijkheid
Zeer Laag	**ZL**	Komt zeer zelden voor, minder dan eens in de 10.000 jaar
Laag	**L**	Komt zelden voor, minder dan eens in de 1.000 jaar
Medium	**M**	Komt weinig voor, minder dan eens in de 100 jaar
Hoog	**H**	Gebeurt wel eens, ongeveer één in de 10 jaar
Zeer Hoog	**ZH**	Zal minstens één keer per jaar gebeuren

Figuur 19 Tabel voor waarschijnlijkheid

6.4 Bepalen van het risico

Het risico is de functie van impact en waarschijnlijkheid. In een risicomatrix kunnen we deze functie zichtbaar maken. In deze leidraad worden vijf risicocategorieën gebruikt van zeer laag tot zeer hoog.

Term	Kort	Kleur
Zeer Laag	**ZL**	Lichtblauw
Laag	**L**	Blauw
Medium	**M**	Geel
Hoog	**H**	Lichtrood
Zeer Hoog	**ZH**	Rood

Figuur 20 Vijf risicocategorieën

In de risicomatrix hieronder zijn zeven fictieve dreigingscenario's geplot. Met dit geringe aantal is snel te zien dat scenario 6 het meest waarschijnlijk is, daarna scenario's 7, 3 en 4 en daarna 5 en 1. Scenario 2 is het minst waarschijnlijk. Ook de impact is snel te zien. Scenario's 1, 2, 3 en 5 veroorzaken de hoogste impact. Daarna komen 7, 4 en 6. Het grootste risico vormen scenario 3, 5 en 1 die als 'medium' zijn ingeschat.

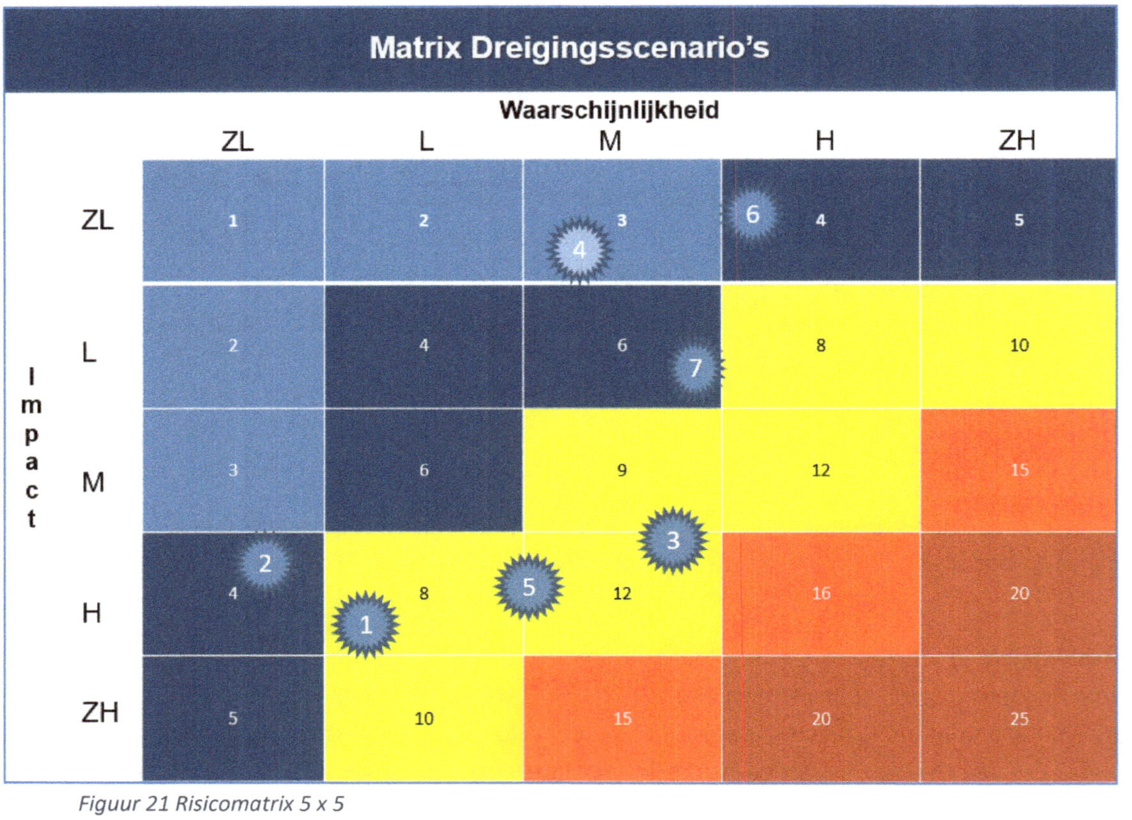

Figuur 21 Risicomatrix 5 x 5

6.5 Beschrijven en rangschikken van de scenario's

In de risicoanalyse worden de maatgevende scenario's beknopt maar volledig beschreven. Gebruik daarvoor alle relevante elementen uit de voorgaande stappen. De volgende elementen moeten zeker worden benoemd:

- type begingebeurtenis en scenario,
- geïmplementeerde mitigerende maatregelen,
- resterende kwetsbaarheid voor het scenario,
- effect van het scenario (de impact) en bijhorende waarschijnlijkheid,
- ernst van het risico van het scenario.

Onderstaand schema is een voorbeeld van hoe verschillende elementen van een scenario overzichtelijk kunnen worden samengebracht (tussen haakjes staan suggesties).

<table>
<tr><th colspan="4">1. Scenario (Overstroming werkplaats)</th></tr>
<tr><td colspan="4">Hier volgt een uitgebreide beschrijving van het scenario, inclusief de begingebeurtenis (overstroming van rivier vanwege extreme aanhoudende regenval), hoe het incident zich ontwikkelt (ondanks zandzakken e.d. bezwijken deuren en ramen), welke schade wordt verwacht (verlies productie en financieel, meeste fysieke schade is verzekerd) en hoe waarschijnlijk dit scenario is (een dergelijke overstroming wordt minder dan ééns in de 100 jaar verwacht).</td></tr>
<tr><th>Getroffen maatregelen</th><th>Kwetsbaarheden</th><th>Kans</th><td>L</td></tr>
<tr><td rowspan="4">Hier volgt een puntsgewijze opsomming van aanwezige maatregelen die de impact en/of de waarschijnlijkheid (het risico) van het scenario al verkleinen (waterschotten, zandzakken, verzekering, uitwijk).</td><td rowspan="4">Hier komen de kwetsbaarheden die het scenario toch mogelijk en de impact wellicht ernstig maken (zwakke maaivelddeur en ramen op begane grond).</td><th>Slachtoffer</th><td>ZL</td></tr>
<tr><th>Proces</th><td>H</td></tr>
<tr><th>Schade</th><td>M</td></tr>
<tr><th>Risico</th><td>M</td></tr>
<tr><th colspan="4">Potentiële aanvullende mitigerende maatregelen</th></tr>
<tr><td colspan="4">Hier worden potentiële mitigerende maatregelen opgesomd die de impact en/of waarschijnlijkheid van het scenario verder kunnen verlagen (begane grond waterkerend uitvoeren, dijk om gebouw aanleggen, werkplaats verplaatsen).</td></tr>
</table>

Figuur 22 Beschrijving maatgevend scenario

Als ieder scenario een betekenisvolle titel heeft gekregen en is geanalyseerd, kunnen tabellen worden gemaakt gerangschikt op *impact*, *waarschijnlijkheid (kans)* en/of *risico*. Als er veel scenario's zijn uitgewerkt, zijn deze lijsten nuttig. Hieronder volgt een (korte) lijst die is gerangschikt op impact.

	Geëvalueerde Scenario's	Impact	Kans	Risico
1.	Meteoriet verwoest het hoofdkantoor tijdens werktijd	ZH	ZL	L
2.	Scenario overstroming werkplaats	H	L	M
3.	Bezetting van de locatie door activisten en raddraaiers (personeel wordt bedreigd en vernielingen worden aangericht)	M/H	M	M
4.	Een journalist loopt via de expeditie-ingang de locatie op (om gebrekkige beveiliging aan te tonen)	L	L	L
5.	Telefonische bommelding door gefrustreerde burger	L	M	L
6.	Vreedzame demonstratie en blokkade door bezorgde burgers	ZL	H	L
7.	Gelegenheidsdief steelt persoonlijke eigendommen personeel	ZL	M	L

Figuur 23 Lijst gerangschikte scenario's

Risicoregister

Het werken met Excel kan het berekenen van de risico's en het rangschikken van de scenario's vergemakkelijken. Daarvoor worden de verschillende categorieën ZL t/m ZH omgezet naar getallen van 1 t/m 5. In *Bijlage 9: All-Hazard risicoregister* is een indeling voor het risicoregister opgenomen.

6.6 Resultaat

Na de risicoweging hebben we zicht op de reële scenario's met de grootste impact, de grootste waarschijnlijkheid en de grootste risico's.

Dat vormt de basis voor een discussie die ná de risicoanalyse kan worden gevoerd, namelijk de discussie over welke risico's acceptabel zijn en welke verder moeten worden gereduceerd.

7 Na de risicoanalyse…

In de risicoanalyse zijn achtereenvolgens een afhankelijkheidsanalyse, dreigingsanalyse en kwetsbaarheidsanalyse uitgevoerd. Bij de laatste stap - de risicoweging - zijn de relevante scenario's gerangschikt op impact, waarschijnlijkheid en risico.

Na het afronden en vaststellen van de risicoanalyse kunnen de volgende activiteiten volgen.

1. Bedrijfsprocessen wijzigen (risico's uitsluiten/stoppen)
2. Aanvullende mitigerende maatregelen ontwerpen (risico's verder mitigeren/oplossen)
3. Processen outsourcen (risico's overdragen)
4. Kostbare middelen en systemen verzekeren (risico's overdragen)
5. Kosten- en batenanalyse van voorgestelde mitigerende maatregelen
6. Restrisico's accepteren

Onderstaand schema kan houvast bieden bij het kiezen van vervolgactiviteiten. Belangrijk is om onderscheid te maken naar 'kans-verlagende' maatregelen en 'impact-verlagende' maatregelen. Ook wel benoemd als het voorkomen van incidenten versus het omgaan met en herstellen van de gevolgen van incidenten.

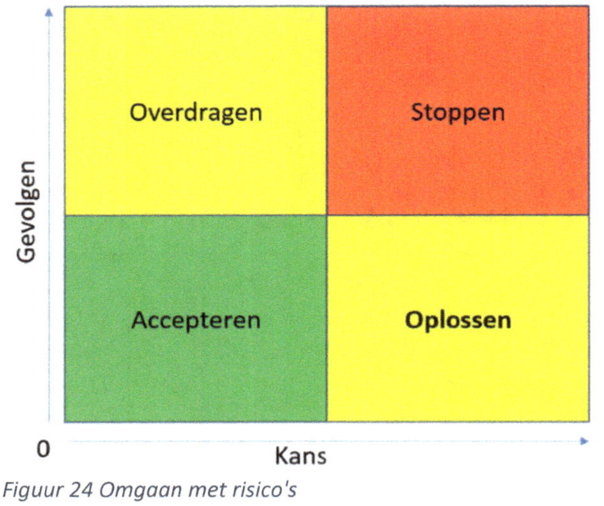

Figuur 24 Omgaan met risico's

7.1 Aanvullende maatregelen ontwerpen

Voor scenario's waarvan de impact, waarschijnlijkheid en/of het risico als te hoog worden ervaren, kunnen aanvullende mitigerende maatregelen worden ontworpen. De kwetsbaarheidsanalyse heeft wellicht al zicht op mogelijke mitigerende maatregelen opgeleverd. Zie *Bijlage 4: Lijst mitigerende maatregelen*. Maar ook andere delen van de risicoanalyse kunnen handvatten bieden voor het verder mitigeren van aangetoonde risico's. Benoem daarbij steeds of de impact, de waarschijnlijkheid of beiden worden gereduceerd.

7.2 Kosten- en batenanalyse

In een kosten- en batenanalyse kan de economische haalbaarheid van die mitigerende maatregelen worden onderbouwd. Daarbij worden de kosten van de mitigerende maatregelen (ontwerp, implementatie, operatie en onderhoud) voor een bepaalde periode (bijvoorbeeld 5 of 10 jaar) berekend. Deze kosten kunnen worden afgezet tegen de (kans op) schade die in diezelfde periode door deze mitigerende matregelen worden voorkomen.

Ook de baten moeten helder worden beschreven. Denk daarbij aan de mate van risicoreductie, het tegemoetkomen aan gebruikerseisen en -wensen, alsmede de doeltreffendheid, proportionaliteit en subsidiariteit van de maatregelen.

7.3 Risico's accepteren

Het is goed mogelijk dat de risicoanalyse geen nieuwe inzichten heeft opgeleverd of dat de geschetste scenario's qua impact, waarschijnlijkheid en risico door de organisatie worden geaccepteerd. Deze geaccepteerd risico's worden ook wel restrisico's genoemd.

7.4 Documentatie actualiseren

Doorgaans zal een risicoanalyse nieuwe inzichten en wellicht aanpassing van maatregelen teweeg-brengen. Belangrijk is om te bezien welke documentatie moet worden geactualiseerd door deze veranderingen. Denk bijvoorbeeld aan beleidsdocumenten, verantwoordingsdocumenten, procedures, handboeken, veiligheids-, crisismanagement- en beveiligingsplannen. Wellicht moeten scenario's worden toegevoegd, bijgesteld of verwijderd. Indien mitigerende maatregelen worden ingevoerd of gewijzigd, moeten deze ook in de documentatie worden bijgewerkt.

7.5 Managementsysteem invoeren

De risicoanalyse kan ook tot het inzicht leiden dat de organisatie de kwaliteit van het risico- en/of veiligheidsmanagement (of onderdelen daarvan) moet verbeteren. Dat kan op vele manieren en met verschillende normen en aanpakken. Zie hieronder een opsomming.

1. Algemene Beveiligingseisen Defensieopdrachten (ABDO)
2. BRC Global Standard for Food Safety
3. CWA 15374 Security management system for suppliers to the security printing industry
4. DHM Security Management
5. IAEA Nuclear Security Recommendations on Physical Protection of Nuclear Material and Nuclear Facilities
6. ICAO Annex 17, Security — Safeguarding International Civil Aviation Against Acts of Unlawful Interference
7. IFS Food – Norm voor audits van kwaliteit en voedselveiligheid van voedingsmiddelen
8. ISO 22301 Managementsystemen voor bedrijfscontinuïteit
9. ISO 27001 Managementsystemen voor informatiebeveiliging
10. ISO 28000 Specificatie voor veiligheidsmanagementsystemen voor de logistieke keten
11. ISPS Code voor de Beveiliging van Schepen en Havenfaciliteiten
12. Managementsysteem Integrale Veiligheid Hoger Onderwijs
13. NEN 3655 Veiligheidsbeheerssysteem voor buisleidingsystemen voor het transport van gevaarlijke stoffen
14. NEN 45001 Managementsystemen voor gezond en veilig werken
15. NEN 7131 Managementsystemen voor veiligheid, voorbereiding op incidenten en continuïteit
16. Security Management Systeem Norm 2017
17. TAPA – Facility Security Requirements (FSR)

Bijlage 1: Checklist All-Hazard risicoanalyse

1. Is in de inleiding aangegeven wat de scope van de analyse is?
   - Locaties, onderdelen, systemen of processen
   - Organisatie- en procesdoelstellingen
   - Relevante wet- en regelgeving, normen en afspraken
   - Betrokken interne en externe stakeholders en hun belangen
   - Cruciale en belangrijke ondersteunende systemen en processen

2. Is gemotiveerd waarom locaties, onderdelen, systemen of processen binnen of buiten scope zijn?

3. Is aangegeven wie verantwoordelijk is voor de te beschermen belangen die in scope zijn, en zijn deze verantwoordelijken bij de risicoanalyse betrokken?

4. Is aangegeven wie de overige stakeholders zijn en zijn deze bij de risicoanalyse betrokken?

5. Is de risicoanalyse uitgevoerd volgens een gevalideerde of geaccepteerde methode?

6. Is aangegeven welke niveaus voor classificering (rubricering) zijn vastgesteld, en zijn niveaus voor beschikbaarheid, vertrouwelijkheid en integriteit aangegeven?

7. Zijn eventuele minimum eisen (baselines) bekend voor mitigerende maatregelen?

8. Bevat de risicoanalyse een gemotiveerde uiteenzetting van:
   - Te beschermen belangen en afhankelijkheden
   - Alle begingebeurtenissen
   - Realistische en duidelijk uitgewerkte scenario's
   - Impact van scenario's
   - Waarschijnlijkheid van die scenario's
   - Reeds getroffen maatregelen (weerbaarheid en veerkracht)
   - Onderkende kwetsbaarheden
   - Prioritering van scenario's op impact, waarschijnlijkheid en risico
   - Acceptabele restrisico's
   - Mogelijkheden van nog te nemen mitigerende maatregelen

9. Zijn gevalideerde of geaccepteerde methodes gebruikt voor:
   - Impactanalyse
   - Dreigingsanalyse
   - Kwetsbaarheidsanalyse
   - Risicoweging (risicotabellen, -omschrijving, -matrix, -register)

Na de risicoanalyse:

10. Zijn voorgestelde mitigerende maatregelen aantoonbaar van invloed op de risico's (vermindering van de impact en/of van de waarschijnlijkheid van de scenario's)?

11. Zijn de voorgestelde mitigerende maatregelen evenwichtig gekozen en elkaar versterkend, rekening houdend met de mogelijkheden van:
    - Organisatorische, personele, bouwkundige, elektronische en digitale aspecten
    - Preventie, afschrikking, detectie, vertraging, respons, redundantie, vervanging en herstel

12. Zijn de voorgestelde maatregelen proportioneel en efficiënt, gegeven:
    - De omvang van het risico
    - Bestaande baselines en andere normenkaders
    - De bestaande technische, organisatorische en bedrijfseconomische context

Bijlage 2: Checklist voor de voorbereidingsfase

In deze checklist voor de voorbereidingsfase komen de afbakening, de betrokkenheid van medewerkers en van externen (met hun kennis of expertise) en het plan van aanpak aan de orde.

A. Beschrijving en afbakening

1. Omvang

Mogelijke omvang van de All-Hazard risicoanalyse:

- Bedrijfsonderdelen en -processen
- Een of meer businessunits
- Een of meer vestigingen of locaties (nationaal of internationaal)
- Verschillende organisaties of een sector als geheel

2. Diepgang

De mate van diepgang van de risicoanalyse kan zijn:

- Quick Scan (op hoofdlijnen)
- Uitvoerige en in 'depth' analyse (vaak op deelgebieden)
- Actualisering van eerdere analyse

3. Aanleiding

De aanleiding waarom de risicoanalyse wordt uitgevoerd:

- Naar aanleiding van incident
- Vanwege wet- en regelgeving
- Vanwege veranderingen in de organisatie, de omgeving of de dreiging

4. Onderwerp

Mogelijke onderwerpen voor een All-Hazard risicoanalyse:

- Mensen (veiligheid van personeel, bezoekers, omwonenden, afnemers)
- Fysieke assets (bedrijfsmiddelen, grondstoffen, producten)
- Diensten (bestuur, advies, rechtspraak, internet, software)
- Gevaarlijke stoffen (calamiteus effect)

5. Type risico

De invalshoeken voor een All-Hazard risicoanalyse:

- Organisatorisch en technisch falen (ongelukken)
- Bewust menselijk handelen (criminele incidenten)
- Natuurgeweld (rampen)
- Uitval vitale infrastructuur (keteneffecten)
- Overige calamiteiten

6. Type effecten en schade

Schade types (voor de organisatie, ketenpartners, omgeving) die al dan niet nadrukkelijk aan de orde komen in de risicoanalyse:

- Slachtoffers en gewonden (fysiek en psychisch)
- Economische/financiële schade
- Milieuschade
- Imagoschade/reputatieschade
- Maatschappelijke ontwrichting

B. Betrokkenheid belanghebbenden

1. Intern

Directie/ management:

- Als opdrachtgever
- Als beslissers bij tussenstappen
- Als opdrachtnemer/projectleider
- Als beslissers over de follow-up na de risicoanalyse

Medewerkers:

- Als experts voor de afhankelijkheidsanalyse
- Als kenners van mogelijk kwetsbaarheden in de organisatie
- Als uitvoerders van mitigerende maatregelen
- Als uitdragers van de veiligheidscultuur (veiligheidsbewustzijn)

2. Externen

Bevolking:

- Omwonenden
- Klanten
- Actiegroepen
- Electoraat

Overheid:

- Gemeenten/Veiligheidsregio
- Politie/Brandweer/Hulpverleningsdiensten
- Ministeries/Inspecties

Adviseurs en wetenschappers met kennis van:

- Het uitvoeren van All-Hazard risicoanalyses
- Het beoordelen van dreigingen en mitigerende maatregelen
- Veiligheidsmanagementsystemen zoals: Security Risk Management, Crisismanagement en Continuïteitsmanagement

C. Plan van aanpak

1. Opzet

Doelstelling, afbakening en randvoorwaarden van de risicoanalyse met oog voor:

- Doelen van de organisatie
- Bemensing van het project (intern en extern)
- Omgang met vertrouwelijke informatie

2. Aanpak

Fasering, doorlooptijden en planning op basis van:

- Documentstudie
- Interviews en beschikbaarheid betrokkenen
- Schouw van de locatie
- Stappen van de risicoanalyse

3. Resultaten

- Tussenresultaten en -rapportages (aan wie en wanneer)
- Eindresultaat

Bijlage 3: Lijst van belangen en afhankelijkheden

In een risicoanalyse worden de doelstellingen, structuur, belanghebbenden, belangen en afhankelijkheden van een organisatie geschetst. Daarmee ontstaat inzicht in het functioneren van de organisatie, de kroonjuwelen en kritische bedrijfsonderdelen, die mogelijk bescherming behoeven.

De onderstaande lijst met belangen en afhankelijkheden is een hulpmiddel om te controleren of in de afhankelijkheidsanalyse niets over het hoofd wordt gezien.

1. **Mensen**
   - Aandeelhouders
   - Bezoekers
   - Burgers
   - Contractors
   - Directie
   - Klanten/cliënten
   - Management
   - Medewerkers (ondernemingsraad)
   - Omwonenden
   - Risicofuncties
   - Sleutelfuncties
   - Toeleveranciers

2. **Bedrijfsprocessen**
   - Accounting, facturering, betaling e.d.
   - Afvalverwerking, uitstoot, riool e.d.
   - Beveiliging, toegangscontrole e.d.
   - Communicatie, voorlichting
   - Informatiebeheer
   - Inkoop
   - Interne controle, audits e.d.
   - Ketenrelaties
   - Management
   - Marketing
   - Personeelszorg (HRM)
   - Productie
   - R&D
   - Transport en distributie
   - Veiligheid, ARBO, BHV e.d.
   - Verkoop
   - Voorraadbeheer

3. **Bedrijfsmiddelen**
   - Attractieve goederen
   - Besturings-/productiesystemen
   - Brandstoffen
   - Computers, laptops, Pda's, tablets e.d.
   - Diensten
   - Energie (gas, olie, elektriciteit)
   - Fabrieken, installaties e.d.
   - Gebouwen en bijzondere ruimtes
   - Geld en waardepapieren (aandelen)
   - Gevaarlijke stoffen
   - Grondstoffen en halffabricaten
   - Informatie
   - Kunst
   - Leidingen/bekabeling
   - Machines
   - Mechanische systemen
   - Noodsystemen
   - Patenten, octrooien, recepten e.d.
   - Producten
   - Software (programmatuur, applicaties)
   - Systemen (informatie, communicatie, procesbesturing)
   - Utilities (elektriciteit, gas, water)
   - Voedsel, etenswaar, dranken
   - Voertuigen

Bijlage 4: Lijst All-Hazard bedreigingen

1. **Organisatorisch en technisch falen**
   - Achterstallig onderhoud
   - Arbeidsonrust (staking, werkonderbreking)
   - Bezuinigingen
   - Kortsluiting
   - Materiaalmoeheid
   - Menselijke fout, vergissing of gemakzucht
   - Ongeval (weg, water, lucht)
   - Onkundig personeel
   - Ontwerp- of installatiefout
   - Onveilige situaties
   - Onvoldoende toezicht
   - Procedurefout
   - Te hoge werkdruk
   - Technische storing

2. **Bewust menselijk handelen**
   - Afpersing
   - Bomaanslag
   - Bedreiging
   - Brandstichting
   - Computermisbruik
   - Cyberaanval
   - Diefstal
   - Gijzeling
   - Inbraak
   - Sabotage
   - Terroristische aanslag
   - Vandalisme

3. **Natuurgeweld**
   - Aardbeving
   - Aardverschuiving (modderstroom)
   - Aardverzakking (zinkholes)
   - Blikseminslag (bolbliksem)
   - Epidemie (impact op personeel, ketenpartners en vitale infrastructuur)
   - Extreme droogte
   - Extreme neerslag (grote hagelstenen, dik pak sneeuw, stortregen)
   - Extreme temperaturen (hitte, koude)
   - Heide- of bosbrand
   - Lawine (sneeuw)
   - Meteorietinslag
   - Overstroming (vloedgolf, tsunami, rivier, grondwater)
   - Zon- of maanverduistering
   - Zonnestorm
   - Combinaties hiervan

4. **Verstoring vitale infrastructuur**
   - Chemische en nucleaire industrie
   - Defensie
   - Drink- en industriewater
   - Energie (elektriciteit, gas, olie, diesel, waterstof)
   - Handhaving openbare orde en veiligheid
   - Keren oppervlaktewater
   - Mobiele communicatie en GPS
   - Riolering, afvalstoffenverwerking
   - Transport via weg, spoor, water of lucht (onbereikbaar voor personeel, ketenpartners, goederen, half-fabricaten en grondstoffen)
   - Vaste communicatie en internet
   - Voedselvoorziening

Bijlage 5: Lijst mitigerende maatregelen

In deze bijlage zijn maatregelen benoemd die een indruk geven van de opgebouwde weerbaarheid en veerkracht van de organisatie tegen All-Hazard verstoringen (begingebeurtenissen). Deze niet uitputtende opsomming bevat mitigerende maatregelen op het gebied van veiligheid, beveiliging, crisis- en continuïteitsmanagement.

1. **Organisatorische maatregelen en -voorzieningen**
   - Afspraken met toeleveranciers, nutsbedrijven, buurbedrijven, politie en gemeente over (opschaling) mitigerende maatregelen en reactie op incidenten
   - Alarmontvangst, -beoordeling en opstarten interventie
   - Back-up procedures
   - Bedrijfsmiddelen afsluiten (gebouwen, voertuigen, machines, bedieningspanelen)
   - Begeleiden van bezoekers (ophalen, wegbrengen)
   - Brand- en sluitronden, inspectieronden
   - Clean desk-policy
   - Controle, toezicht, beloningen en sancties
   - Crisisorganisatie en -oefeningen
   - Escalatieladers
   - Functionerings- en beoordelingsgesprekken, belonings- en sanctiebeleid
   - Inspecties, testen en audits
   - Integriteitbeleid, gedragscode, integriteitstesten, drugstesten
   - Mitigeren van gevolgen van een incident (beperken van schade)
   - Noodprocedures
   - Observeren en registreren (met camerabeelden)
   - Oefeningen (tabeltops, beperkt, grootschalig)
   - Onderzoeken van incidenten
   - Opleiden, trainen, informeren, bewustwording
   - Sleutelplan en sleutelbeheer
   - Toegangscontrole (lijst ongewenste personen)
   - Track & Trace: het volgen van een artikel/voertuig/persoon
   - Uitdienstprocedure incl. exitgesprek, checklist en intrekken autorisaties, passen, sleutels
   - Uitwijkregelingen
   - Vastleggen van belangrijke transacties en overdrachten
   - Veiligheids- en beveiligingsbewustzijn bevorderen
   - Vertrouwelijkheidsprocedures voor informatie
   - Verzekeringen
   - Voorbeeldgedrag door leidinggevenden
   - Werving-, selectie- en aannameprocedures, incl. controleren CV, referenties, antecedenten-onderzoek of VOG, geheimhoudingverklaring

2. **Fysieke maatregelen en -voorzieningen**
   - Afsluitbare opbergmiddelen, kluizen (braakwerend, brandwerend)
   - Braakwerende beglazing, luiken, kozijnen, hang- en sluitwerk
   - Buffers en voorraden
   - CCTV-camera's (Closed Circuit TV)
   - Geïsoleerde ruimten voor vertrouwelijke gesprekken
   - Hekwerken, overklimbeveiliging

- Meeneemdetectie op een artikelen
- Monitoren en security werkplekken
- Muren
- Ophijsen en/of buiten bereik plaatsen van een bedrijfsmiddel
- Overzichtelijk terrein zonder verstopplaatsen, bestrating, grasveld
- Redundantie in systemen, apparaten en machines
- Rolluiken, tralies
- Toegangsverlening- en – controlemiddelen
- Uitwijklocatie
- Vastzetten en/of verankeren van een bedrijfsmiddel
- Verlichting zoals veiligheidsverlichting, schrikverlichting, geleide verlichting, infrarood
- Verhullen van kritische en attractieve ruimtes
- Vrije zone bij hekwerken (voor beter zicht en voorkomen van overklimmen)
- Zones en compartimenten
- Zichtbeperkende maatregelen

3. **Digitale maatregelen en -voorzieningen**
   - Antivirus, -malware, -spyware
   - Autorisatie en gebruikersbeheer
   - Back-ups en uitwijk
   - BYOD-beleid en security in de cloud
   - Classificatie van informatie en -systemen
   - Compartimentering en zonering van systemen
   - Digitaal archiefbeheer
   - Encryptie (data, harde schijf)
   - Firewalls, demarcation zones
   - Gecontroleerde invoer, opslag en wijziging van gegevens
   - Hardening en beveiligde gegevensdragers
   - Honeypots en Intrusion Detection System (IDS)
   - IP-plannen
   - ISO 27000 en andere normen en best practices
   - Patching en updating van systemen en applicaties
   - Security Information and Event System (SIEM)
   - Werkstation-beveiliging, zoals schermbeveiliging, token, biometrie, login met wachtwoord

Bijlage 6: Analyse van onbevoegd handelen

Voor het analyseren van onbevoegd, of wederrechtelijk handelen zoals criminaliteit, vandalisme en terrorisme zijn geëigende methodes en technieken ontwikkeld. Laten we kort stilstaan bij een aanpak die kwaadwillenden, de daders en hun daden centraal stelt.

Eerst worden de voor de analyse (de organisatie) relevante daders geselecteerd. Hieronder de inventarisatie van mogelijke daders.

1. Inventarisatie van mogelijke daders (15)

- Activist (ondemocratisch, gewelddadig)
- Crimineel (gelegenheid, doelgericht)
- Demonstrant
- Extremist (politiek, religieus)
- Georganiseerde criminelen
- Hacker
- Hooligan
- Insider (medewerker, inhuur, bezoeker)
- Journalist (paparazzi)
- Lone wolf (geradicaliseerd)
- Scriptkiddie
- Statelijke actor (inlichtingendienst, militair)
- Terrorist (eenling, team)
- Vandaal
- Verwarde persoon

Aan de hand van deze inventarisatie kan een voor de organisatie specifieke lijst met daders worden opgesteld. Daarna kunnen de bijbehorende relevante daden worden geselecteerd.

2. Inventarisatie van mogelijke daden (32)

- Afluisteren met (richt)microfoons
- Afluisteren van telefoon, e-mail en apps
- Bedreiging en chantage
- Beschieten met pistolen en geweren
- Beschieten met raketten en mortieren
- Bespioneren met verborgen camera's
- Bombrief of -postpakket versturen
- Bompakket achterlaten
- Brandbom gooien (Molotov)
- Brandstichten
- Collateral damage
- Compromittatie
- Corruptie en omkoping
- Cyberaanvallen: virussen, worms, Trojans, hacking, dDOS, overnemen van systemen, web defacing, fake sites
- Diefstal, roofoverval, ramkraak
- Fraude, witwassen
- Geweld tegen personeel (verbaal, fysiek)
- Gijzeling en ontvoering
- ICT-sniffing (met keylogger)
- Inbraak, insluiting en insluiping
- Infiltratie
- Manipulatie (social engineering)
- Nep bommelding
- Nep poeder- of bombrief
- Productieprocessen fysiek verstoren
- Sabotage bedrijfsprocessen, beveiliging of communicatie
- Smokkel (wapens, drugs, mensen)
- Staking, bezetting en blokkade
- Vernieling aan gebouwen en bedrijfsmiddelen
- Zelfmoordaanslag met bom-vest
- (Zelfmoord)aanslag met bomvoertuig
- Aanslag met onconventionele middelen

3. Dader-daadmatrix

De relevante combinaties kunnen in een de dader-daadmatrix worden opgenomen voor nadere analyse. Zo zullen verschillende combinaties nauwelijks schade veroorzaken of nauwelijks op de organisatie van toepassing zijn. De Dader-daadmatrix is niet-limitatief en zal voor elke organisatie verschillend kunnen worden aangevuld met daders en daden die voor die specifieke organisatie het meest relevant zijn (zie volgende bladzijde een voorbeeld).

	Dader-Daadmatrix (zonder cyber)	**Insider**	**Gelegenheidscrimineel**	**Gewelddadige activist en raddraaiers**	**Demonstrant / activist**	**Terrorist**	**Journalist**
1.	Beschieting met vuurwapens			-		-/+	
2.	Blokkade			++	++		
3.	Bommelding (nep)			-	-/+		
4.	Bompakket achterlaten					-	
5.	Brandstichting			-/+		-	
6.	Fraude	++					
7.	Geweld tegen personeel (verbaal)	-	-	+	+		
8.	Gijzeling			-		--	
9.	Inbraak		+				
10.	Insluipen		+				-/+
11.	Molest aan gebouwen		-	-/+			
12.	Productieprocessen fysiek verstoren	-		-/+			

Figuur 25 Voorbeeld van een dader-daadmatrix

In bovenstaand voorbeeld zijn met gele arcering de reële dader-daadcombinaties voor de organisatie aangegeven. Daarna is de relevantie van die combinaties in vijf categorieën aangegeven: zeer relevant (++), relevant (+), mogelijk relevant (-/+), minder relevant (-) en niet relevant (--). Niet reële combinaties zijn niet ingevuld.

4. Dader-daadcombinaties

Relevante vragen voor het beoordelen van de relevantie van de verschillende combinaties:

- Wie zou het op de organisatie gemunt kunnen hebben?
- Is de organisatie bekend en attractief voor deze dader?
- Wat is de motivatie en hoe groot is de drive om de organisatie uit te kiezen?
- Welke daden passen daarbij?
- Past deze daad wel bij de organisatie (kan de daad worden uitgevoerd)?
- Is de organisatie een aantrekkelijk doel voor deze daad (gegeven het motief van de dader)?
- Zijn er andere organisaties die veel aantrekkelijker zijn om deze daad uit te voeren?
- Is deze daad in het verleden gepleegd (of verijdelt) bij deze of vergelijkbare organisaties?
- Is er aanleiding te veronderstellen dat een dergelijke daad wordt voorbereid of zich in de toekomst zal voordoen?
- Zouden bepaalde daders in de toekomst bedreigend kunnen zijn?

Met een beperkt aantal combinaties kan een meer diepgaande analyse worden gemaakt. Daarbij zijn drie aandachtspunten van belang, die hierna worden toegelicht.

Ten eerste geeft het *motief* van de dader (wat wil de dader bereiken) een indicatie van de waarschijnlijkheid op een bepaalde daad bij een bepaald object. Het kan zijn dat een dader een bepaalde daad bij de organisatie kan uitvoeren, maar eerder zal kiezen voor een andere locatie omdat op die andere locatie de kans op doelbereik evident groter is. Met name bij de uitvoering van daden die veel voorbereiding vergen, mag ook verondersteld worden dat de dader zorgvuldig zijn doelwit kiest.

Ten tweede kan het zijn dat een dadertype - gegeven een bepaalde locatie - een daad wel kan uitvoeren, maar veel eerder zal kiezen voor een andere daad die gemakkelijker is uit te voeren of die in de uitvoering minder onzekerheden met zich meebrengt (of een grotere kans van slagen heeft). Zo blijven er per dadertype maar een paar relevante daden over (omdat de andere daden wel denkbaar zijn, maar bij nadere inzien toch minder waarschijnlijk).

Ten derde geven de kenmerken van de dader een indicatie van de mogelijkheden die dit type dader heeft om de ongewenste daad succesvol uit te kunnen voeren. Bijvoorbeeld: een gefrustreerde medewerker kent het bedrijfsterrein relatief goed, heeft relatief gemakkelijk toegang tot bedrijfsonderdelen en relevante informatie en weet aan welke knoppen moet worden gedraaid om schade te veroorzaken.

5. Dreigingsscenario's

Met de relevante en maatgevende dader-daadcombinaties en de kennis uit de afhankelijkheidsanalyse kunnen we onderzoeken wat de reële dreigingsscenario's voor de organisatie zijn. Per daderdaadcombinatie wordt dan gekeken welk doelen van de organisatie de dader mogelijk zal kiezen.

De waarschijnlijkheid van een specifieke aanval (scenario) is afhankelijk van een aantal factoren. Enerzijds van de motivatie van de dader om tot actie over te gaan (aantrekkelijkheid van het doel en de kans op succes). Dit afgezet tegen mogelijk attractievere alternatieven (andere organisaties).

Anderzijds wordt de waarschijnlijkheid van het scenario bepaald door de beschikbare kennis, vaardigheden en middelen om de daad succesvol te kunnen uitvoeren: het 'kunnen' van de dader.

Vervolgens speelt de gelegenheid een belangrijke rol. Heeft de beoogde dader de gelegenheid om zijn aanval te plannen, voor te bereiden en succesvol uit te voeren. Is de dader bekend met het doelwit, kan hij ongemerkt of onopvallend het doel benaderen. En hoe kwetsbaar is het doel voor de aanval van de dader. Alle zes de elementen moeten voldoende aanwezig worden geacht om van een waarschijnlijk scenario te spreken. Het model hierna visualiseert dat.

Figuur 26 Elementen van waarschijnlijkheid van scenario's

Zoals gezegd, een scenario bestaat uit een beschrijving van de dader, zijn daad en het bijbehorend doelwit. Hierbij is het belangrijk om bij de planningscyclus van de dader stil te staan. Vooral bij samenwerkende daders (eventueel met insiders) en bij complexe daden zijn de fasen van de planningscyclus een belangrijk hulpmiddel om het scenario te beschrijven. Ook geeft de planningscyclus zicht op veel verschillende mogelijkheden de daad (aanval) te frustreren. Voor ieder van de acht fasen in deze cyclus (zie onderstaande figuur) zijn effectieve en efficiënte mitigerende maatregelen te bedenken.

Figuur 27 De planningscyclus van de dader volgens DHS (USA)

6. Maatgevende scenario's beschrijven

Met de dader-daadmatrix is een selectie van relevante dreigingen gemaakt. Vervolgens zijn scenario's ontwikkeld waarin de dader-daad-doelcombinaties verder zijn geanalyseerd en uitgewerkt. Hiertoe is aan de dader-daadcombinatie een of meerdere doelwitten binnen de organisatie of de bedrijfskolom toegevoegd. Om deze selectie van scenario's te comprimeren tot maatgevende scenario's zijn de volgende opties mogelijk.

1. Daders die min of meer hetzelfde doen (we kiezen de dader die het meest tot de verbeelding spreekt of het vaakst zal toeslaan).
2. Daden met min of meer dezelfde modus operandi (we kiezen de dader-daadcombinatie met de grootste impact).
3. Scenario's die hetzelfde belang raken (we kiezen het scenario met de hoogste waarschijnlijkheid).
4. Scenario's die dezelfde kwetsbaarheid misbruiken (we kiezen het scenario met de hoogste waarschijnlijkheid).

We krijgen zo een beperktere lijst maatgevende scenario's die inzicht geven in relevante kwetsbaarheden en risico's van de organisatie.

Bijlage 7: Analyse natuurgeweld

1. Aardbevingen

In Nederland zijn omvang en frequentie van aardbevingen nauwelijks te voorspellen. Aardbevingen vinden voornamelijk plaats in het noorden van Nederland ten gevolge van de gaswinning en in het zuiden door platentektoniek (door verticale schurende bewegingen op breukvlakken van aardplaten).

De krachtigste aardbevingen komen voor aan de randen van die platen. Nederland ligt midden op de Euraziatische Plaat. Midden op deze min of meer stabiele plaat komen ook aardbevingen voor als gevolg van bewegingen in regionale breukensystemen in de aardkorst. In het breukensysteem van de Beneden-Rijnslenk (van Bonn tot in Nederland) is het in ons land vooral de Roerdalslenk, waar de grootste bewegingen plaatsvinden. In Limburg komen door bewegingen van deze breuken jaarlijks meerdere aardbevingen voor.

Deze natuurlijke aardbevingen hebben in Nederland meestal een sterkte van 2 tot 4 op de schaal van Richter. Maar er zijn uitzonderingen. De zwaarst gemeten aardbeving tot nu toe is de aardbeving in Roermond op 13 april 1992. Het epicentrum lag enkele kilometers ten zuidwesten van Roermond. De aardbeving had een kracht van 5.8 op de schaal van Richter en tussen VI (Strong) en VII (Very Strong) op de schaal van Mercalli. De verwachtingskans (waarschijnlijkheid) voor dergelijk sterke bevingen in Nederland is volgens seismologen ongeveer eens in de 1.000 jaar.

Naast natuurlijke aardbevingen komen in Noord-Nederland sinds 1986 geregeld geïnduceerde bevingen voor, veroorzaakt door gaswinning. Het gas wordt gewonnen uit een laag zandsteen op een diepte van 3 kilometer. Hierdoor klinkt de zandsteenlaag in. Langs breuken in deze laag ontstaat er een spanningsverschil, wat leidt tot plotselinge verschuivingen: aardbevingen.

Het aantal en de magnitude van deze bevingen verschilt per jaar. De magnitude komt doorgaans niet boven 4 op de schaal van Richter.

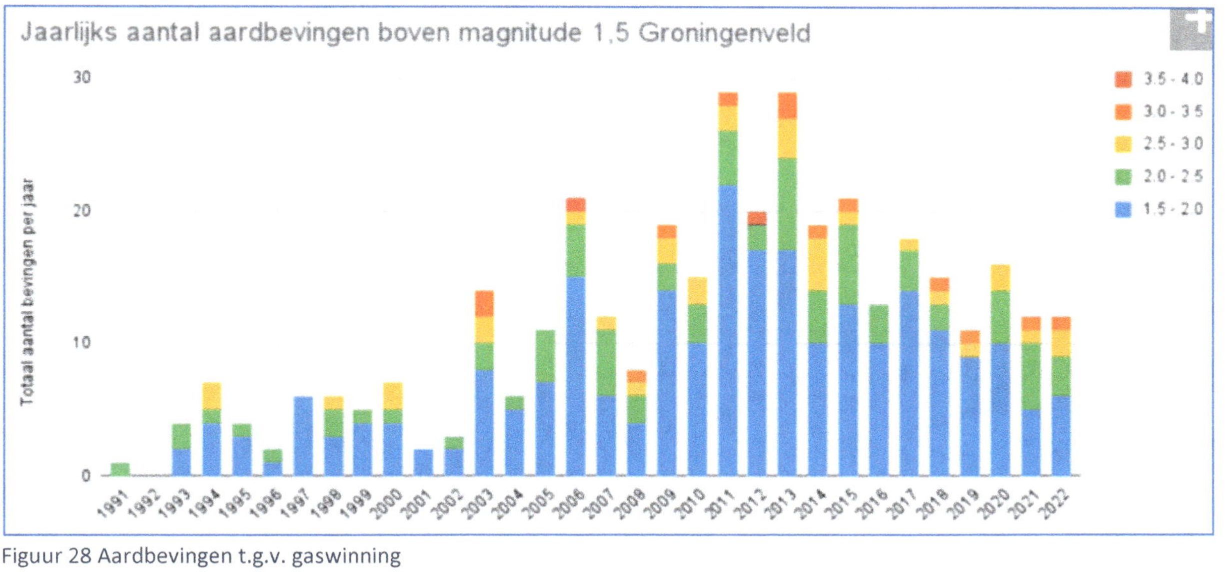

Figuur 28 Aardbevingen t.g.v. gaswinning

De schaal van Richter, ook wel een schaal voor lokale magnitude genoemd, is een maat voor de kracht van aardbevingen in het epicentrum.

Sterkte	Beschrijving	Wat merk je?
0.1	Zeer zwak	Alleen waar te nemen met instrumenten
2	Gering	Binnenshuis slingeren hangende voorwerpen
3	Matig	Binnenshuis rammelen glazen en vazen
4	Redelijk	Bomen in beweging
5	Krachtig	Moeilijk om te lopen, ramen breken, hangende voorwerpen vallen
6	Zeer krachtig	Grote schade aan gebouwen
6.7	Verwoestend	Grote schade aan veel gebouwen
7.3	Rampzalig	Veel gebouwen storten in.
8	Zeer rampzalig	Bijna alle gebouwen worden verwoest
8.5	Catastrofaal	Totale verwoesting, geen gebouw blijft overeind staan, hele steden worden verwoest, verandering van landschap

Figuur 29 De schaal van Richter

De schaal van Mercalli meet de intensiteit van een beving. Deze schalen geeft aan in welke mate een beving gevoeld wordt en schade (impact) veroorzaak op een bepaalde plek aan het aardoppervlak.

I. Instrumental	Generally not felt by people unless in favorable conditions.
II. Weak	Felt only by a couple people that are sensitive, especially on the upper floors of buildings. Delicately suspended objects (including chandeliers) may swing slightly.
III. Slight	Felt quite noticeably by people indoors, especially on the upper floors of buildings. Many do not recognize it as an earthquake. Standing automobiles may rock slightly. Vibration similar to the passing of a truck. Duration can be estimated. Indoor objects (including chandeliers) may shake.
IV. Moderate	Felt indoors by many to all people, and outdoors by few people. Some awakened. Dishes, windows, and doors disturbed, and walls make cracking sounds. Chandeliers and indoor objects shake noticeably. The sensation is more like a heavy truck striking building. Standing automobiles rock noticeably. Dishes and windows rattle alarmingly. Damage none.
V. Rather Strong	Felt inside by most or all, and outside. Dishes and windows may break and bells will ring. Vibrations are more like a large train passing close to a house. Possible slight damage to buildings. Liquids may spill out of glasses or open containers. None to a few people are frightened and run outdoors.
VI. Strong	Felt by everyone, outside or inside; many frightened and run outdoors, walk unsteadily. Windows, dishes, glassware broken; books fall off shelves; some heavy furniture moved or overturned; a few instances of fallen plaster. Damage slight to moderate to poorly designed buildings, all others receive none to slight damage.
VII. Very Strong	Difficult to stand. Furniture broken. Damage light in building of good design and construction; slight to moderate in ordinarily built structures; considerable damage in poorly built or badly designed structures; some chimneys broken or heavily damaged. Noticed by people driving automobiles.
VIII. Destructive	Damage slight in structures of good design, considerable in normal buildings with a possible partial collapse. Damage great in poorly built structures. Brick buildings easily receive moderate to extremely heavy damage. Possible fall of chimneys, factory stacks, columns, monuments, walls, etc. Heavy furniture moved.
IX. Violent	General panic. Damage slight to moderate (possibly heavy) in well-designed structures. Well-designed structures thrown out of plumb. Damage moderate to great in substantial buildings, with a possible partial collapse. Some buildings may be shifted off foundations. Walls can fall down or collapse.
X. Intense	Many well-built structures destroyed, collapsed, or moderately to severely damaged. Most other structures destroyed, possibly shifted off foundation. Large landslides.
XI. Extreme	Few, if any structures remain standing. Numerous landslides, cracks and deformation of the ground.
XII. Catastrophic	Total destruction – everything is destroyed. Lines of sight and level distorted. Objects thrown into the air. The ground moves in waves or ripples. Large amounts of rock move position. Landscape altered, or leveled by several meters. Even the routes of rivers can be changed.

Figuur 30 Schaal van Mercalli

2. Bliksem

In Nederland slaat de bliksem ongeveer 200.000 keer per jaar in, circa 2 tot 4 keer per jaar per km^2. Soms met flinke schade aan bijvoorbeeld woningen en bedrijven. Inductieschade kan daarbij optreden binnen een straal van 1,5 kilometer.

Schade door een directe blikseminslag is in Nederland circa € 30 miljoen per jaar. Schade door een inductie is circa € 50 miljoen per jaar (dit is zonder de gevolgschade zoals uitval van productie en systemen). In totaal komt daarmee de directe schade op circa € 80 miljoen per jaar. Daarbij komt nog de gevolgschade die wel tot het tienvoudige kan oplopen; samen bijna een miljard per jaar.

De kans om door een bliksem geraakt te worden is ongeveer één op 2 á 3 miljoen per jaar. En mocht de bliksem dan toch rechtstreeks inslaan, heb je een grote kans om dit te overleven. Jaarlijks worden in Nederland ongeveer twee mensen dodelijk door de bliksem getroffen. Vroeger lag dit aantal hoger. Vijftig jaar geleden werden zo'n 15 mensen per jaar dodelijk getroffen.

(Maar er zijn uitzonderingen: een Amerikaanse parkwachter, Roy Sullivan heeft niet één, niet twee ... maar wel zéven keer een blikseminslag meegemaakt. De eerste keer was in 1942 toen de dertigjarige Sullivan op een uitkijktoren stond, in 1969 ging een bliksemschicht door het open raam van zijn truck, nog geen jaar later raakte de bliksem hem op een heldere dag in zijn voortuin, in 1972 zette de bliksem het wachthuisje in Shenandoah National in lichterlaaie; een jaar later leek een wolk hem te achtervolgen en werd hij weer getroffen, in 1976 volgde nummer zes, de zevende keer tijdens het vissen op een vijver in onweer in 1977. Hij heeft verschillende verwondingen opgelopen maar is daaraan niet overleden.)

3. Aardverschuiving (modderstroom)

Een aardverschuiving is een gebeurtenis waarbij vele duizenden tonnen aan grond plotseling in beweging komen en (meestal) langs een helling vallen of naar beneden glijden. Een aardverschuiving is niet hetzelfde als een aardbeving, maar kan hierdoor wel veroorzaakt worden.

Modderstromen ontstaan door het oververzadigd raken van de (kleihoudende) bodem door regen of smeltwater. Onder bepaalde omstandigheden gaat deze vloeien. Zo'n ramp kan zich voordoen door zware regenval of als een stuwdam doorbreekt. Of wanneer door een vulkaanuitbarsting veel smeltwater uit een gletsjers vrijkomt. Een vulkaanuitbarsting kan ook zelf een aardverschuiving veroorzaken.

Als bij de aardverschuiving met name steen in beweging komt, wordt ook wel gesproken van een rotslawine (of steen- of puinlawine). Een bergstorting is een specifiek type aardverschuiving, waarbij een deel van een berg naar beneden komt. Als de grond met water voor een stroom van modder zorgt, spreekt men van een modderlawine.

Aardverschuivingen kunnen zeer verwoestend zijn. Wanneer een dorp of stad bedolven wordt door een aardverschuiving, is het bijna onvermijdelijk dat er doden vallen, tenzij men de gebeurtenis heeft zien aankomen en er tijdige evacuatie heeft plaatsgevonden.

Als door een grote aardverschuiving een deel van een berg in zee glijdt, of als er een onderzeese aardverschuiving plaatsvindt, kan ook een tsunami ontstaan.

De kans op een ernstige aardverschuiving is locatieafhankelijk.

4. Aardverzakking (zinkholes)

Een zinkgat, ook wel verdwijngat of sinkhole genoemd, is een landvorm die is ontstaan door het instorten van een holte in de bodem. De meest voorkomende zinkgaten zijn dolines; dit zijn holtes die zijn ontstaan door karst, het oplossen van kalksteen in water.

In Nederland komen dolines voor in Zuid-Limburg, waar door kalksteenafgravingen enkele grotten zijn ingestort, waardoor deze karstinzakkingen ontstonden. Deze zijn onder andere op de Sint-Pietersberg in Maastricht te vinden. Breuken in de ondergrond als gevolg van ondiepe mijnwinning waren de oorzaak van de verzakking van een deel van winkelcentrum 't Loon in Heerlen in 2011.

Zinkgaten kunnen ook ontstaan door het oplossen van zout in de bodem (veelvoorkomend rond de Dode Zee), het instorten van natuurlijke drainagetunnels, of het instorten van door mensen gemaakte holtes zoals mijngangen. Bij de vorming door zout, wordt het zout, dat lichter is dan het omliggende gesteente, omhoog gedrukt. Dit kan eeuwen duren, maar wanneer het zout bij het grondwater komt, lost het op en ontstaat langzaam een groot gat onder de aardkorst.

Dergelijke gaten of instortingsdolines, ontstaan als de grond boven een al bestaande grot opeens instort. Zo een grot kan er honderdduizenden jaren over doen om te ontstaan.

De kans op ernstige aardverzakkingen is locatieafhankelijk.

5. Epidemie en pandemie (impact op personeel, ketenpartners en vitale infrastructuur)

Een epidemie is een verschijnsel dat meestal in ongunstige zin optreedt in een kleiner of groter gebied van mens of dier. Het begrip wordt in het bijzonder gebruikt wanneer een ziekte in een grotere frequentie dan normaal voorkomt. Een pandemie is een epidemie die zich over de hele wereld verspreidt.

Epidemieën kunnen binnen een samenleving tot zware gevolgen leiden. Om te beginnen zal de epidemie een economische wissel op de samenleving trekken, omdat de patiënten behandeld moeten worden, niet kunnen werken en bovendien niet winkelen dus geen geld uitgeven. Bovendien zullen, wanneer het een mogelijk dodelijke ziekte betreft, ook veel gezonde personen bang worden en weigeren naar hun werk te gaan. Verder kan ook de overheid het economisch leven en interlokaal verkeer (tijdelijk) stilleggen om besmetting te voorkomen, een zogenaamde lockdown. Wanneer dit langere tijd duurt kunnen bedrijven failliet gaan. Recente voorbeelden zijn de SARS-epidemie en COVID-pandemie, die de wereldwijde impact hadden.

Vaak ziet men dat mensen de steden, die men als besmettingsbron ziet, proberen te ontvluchten. Dit kan tot chaos leiden wanneer de wegen en het omliggende gebied deze enorme toeloop niet kunnen verwerken. De angstige mensen zullen sneller geneigd zijn geweld te gebruiken, wat uiteindelijk kan leiden tot rellen en plunderingen. Ook kan het leiden tot burgerlijke ongehoorzaamheid jegens de overheid. Mensen die in quarantaine moeten, kunnen daarbij ook geneigd zijn zich te verzetten omdat ze bang zijn de ziekte te krijgen van medepatiënten en dus niet met andere mogelijk besmetten willen worden opgesloten.

Beruchte besmettelijke ziektes die epidemieën met vele miljoenen slachtoffer hebben veroorzaakt: pest, pokken, cholera, tyfus, mazelen, tuberculose, malaria, gele koorts, influenza (griep), Hiv (aids), Ebola, SARS en COVID-19.

Een ernstige epidemie en/of pandemie die ook Nederland zal treffen is waarschijnlijk.

6. Extreme droogte

Top 5 droogste jaren	Neerslagtekort
1976	361 mm
1959	352 mm
1911	328 mm
1921	321 mm
2022	318 mm

Figuur 31 Nederlands 5 droogste jaren

In Nederland was het in 2022 extreem droog. Zowel de lente als de zomer waren droog. Beide seizoenen waren zonnig, waardoor er veel verdamping was. In de zomer viel er bovendien weinig neerslag. Toch was de zon de grootste aanjager van de droogte.

De gevolgen van droogte kunnen van plaatst tot plaats zeer verschillen, afhankelijk van het type landschap en genomen beheersmaatregelen. In de zomer van 2018 bleek de vraag naar meer lokale gegevens groot.

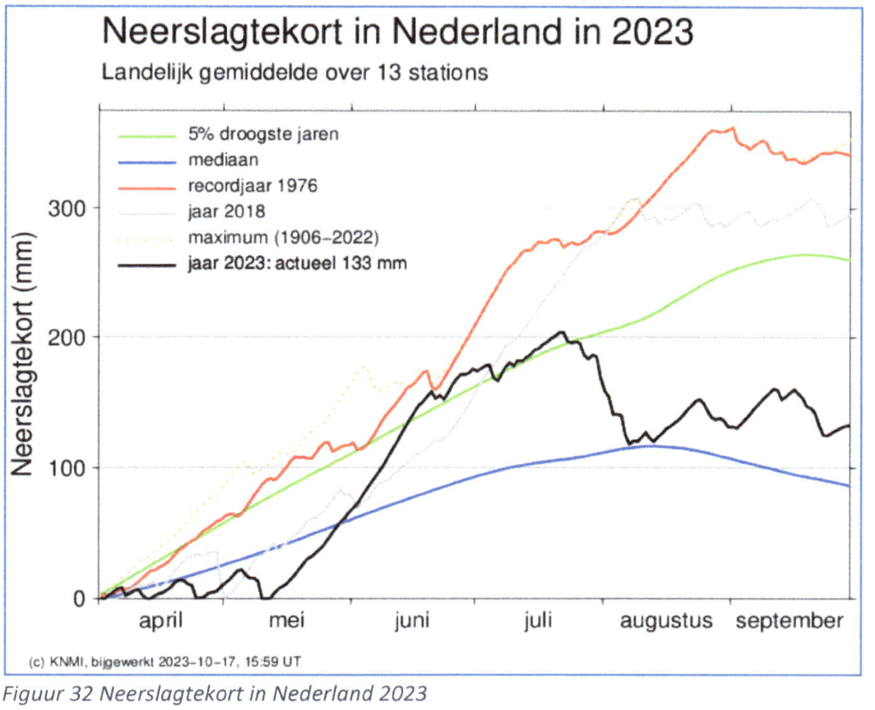

Figuur 32 Neerslagtekort in Nederland 2023

Er is aangetoond dat er een trend is naar meer van dit soort droogte in het binnenland van Nederland. Dit komt door klimaatverandering. Voor het kustgebied is zo'n verandering niet aangetoond.

7. Extreme temperaturen (hitte, koude)

Langdurige extreme (hoge of lage) temperaturen kunnen het economisch en maatschappelijk leven sterk beïnvloeden. Vooral zwakkeren, ouderen en zieken kunnen hiervan hinder ondervinden.

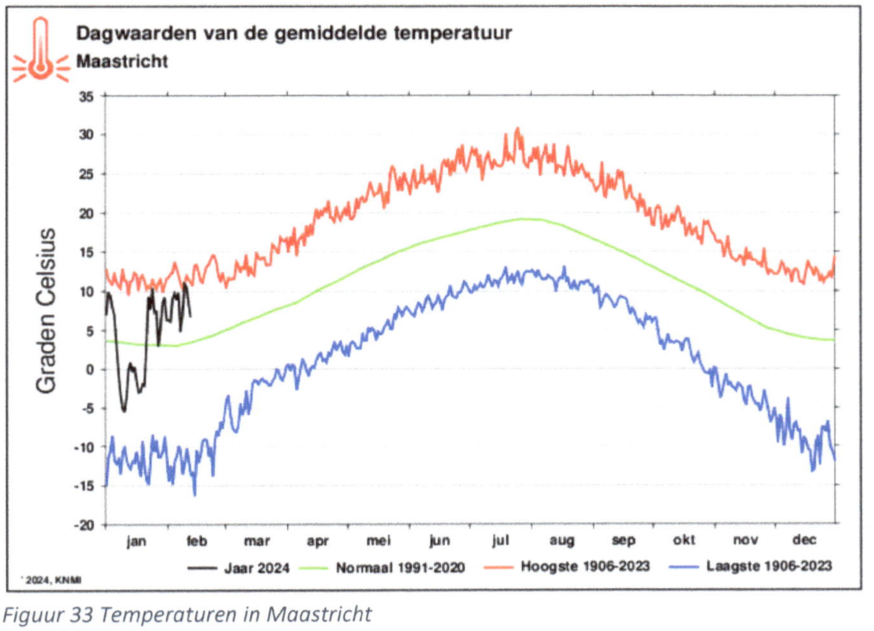

Figuur 33 Temperaturen in Maastricht

Hittegolven zijn de meest dodelijke natuurrampen. De gevolgen van de extreme hitte worden direct gevoeld. Wereldwijd zijn hittegolven de meest dodelijke natuurrampen. Veel van de slachtoffers zijn te voorkomen met hitteplannen en aanpassingen aan de steden die verkoeling geven. Door dit soort maatregelen is het aantal doden door hittegolven teruggedrongen, maar in 2022 jaar stierven in Nederland in de week van de hittegolf toch nog ruim 400 mensen meer dan normaal.

Bovendien ontstaan door hittegolven vaak natuurbranden.

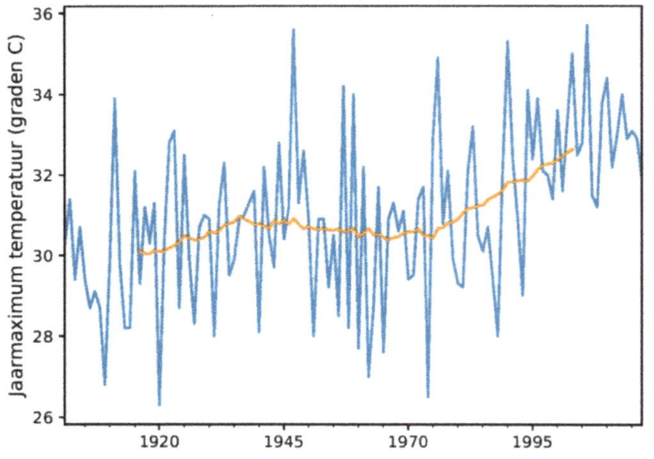

Figuur 34 Maximum temperaturen in Nederland

In december 2022 hadden de Verenigde Staten te maken met extreme kou, waarbij temperaturen van min 40 graden Celsius voorkwamen. Vluchten werden geannuleerd, snelwegen afgesloten en mensen waren kortstondig van de buitenwereld afgesloten. Sinds 1977 was het er niet zo koud. Het was niet alleen heel erg koud, maar het sneeuwde ook op heel veel plaatsen. Daarnaast was er sprake van een hele sterke wind. Er was slechts een paar meter zicht, wegen waren volledig ingesneeuwd en reddingsdiensten die geen kant op konden. Het slachtofferaantal liep daardoor fors op.

In Nederland kan het ook koud worden, maar niet zo extreem. Dat komt door de warme zeeën die we rondom Europa hebben.

Van	Tot en met	Duur in dagen	Dagen strenge vorst	Laagste temp. °C	Datum laagste temp.
04 feb 1947	24 feb 1947	21	6	-12.3	08 feb 1947
10 jan 1942	27 jan 1942	18	13	-24.7	27 jan 1942
09 feb 1956	26 feb 1956	18	15	-21.6	16 feb 1956
24 jan 1954	05 feb 1954	13	10	-13.0	01 feb 1954
22 dec 1962	03 jan 1963	13	5	-11.5	23 dec 1962
31 dec 1996	11 jan 1997	12	6	-16.0	02 jan 1997
10 jan 1987	20 jan 1987	11	5	-15.2	14 jan 1987
03 dec 1902	12 dec 1902	10	3	-11.9	06 dec 1902
10 feb 1929	19 feb 1929	10	8	-18.7	14 feb 1929
17 dec 1938	26 dec 1938	10	7	-15.1	20 dec 1938
31 jan 1942	09 feb 1942	10	4	-17.4	03 feb 1942
23 jan 1947	01 feb 1947	10	5	-13.6	29 jan 1947
30 jan 2012	08 feb 2012	10	5	-18.9	04 feb 2012
19 jan 1933	27 jan 1933	9	5	-12.7	27 jan 1933
15 dec 1946	23 dec 1946	9	5	-15.6	21 dec 1946
30 jan 1917	06 feb 1917	8	7	-16.3	01 feb 1917
30 jan 1963	06 feb 1963	8	3	-11.2	04 feb 1963
04 jan 1985	11 jan 1985	8	6	-18.3	08 jan 1985
13 jan 1985	20 jan 1985	8	5	-13.4	16 jan 1985
09 feb 1940	15 feb 1940	7	4	-16.5	13 feb 1940

Van	Tot en met	Duur in dagen	Dagen strenge vorst	Laagste temp. °C	Datum laagste temp.
07 jan 1963	13 jan 1963	7	5	-15.2	13 jan 1963
17 jan 1963	23 jan 1963	7	5	-18.2	18 jan 1963
31 dec 1978	06 jan 1979	7	7	-17.7	03 jan 1979
15 dec 1927	20 dec 1927	6	5	-14.6	18 dec 1927
17 jan 1940	22 jan 1940	6	4	-16.2	20 jan 1940
23 dec 1961	28 dec 1961	6	4	-11.7	26 dec 1961
06 jan 1982	11 jan 1982	6	4	-13.6	10 jan 1982
18 feb 1986	23 feb 1986	6	3	-14.6	21 feb 1986
06 feb 1991	11 feb 1991	6	4	-12.5	09 feb 1991
27 dec 1908	31 dec 1908	5	5	-16.1	31 dec 1908
03 dec 1925	07 dec 1925	5	4	-15.3	05 dec 1925
01 jan 1940	05 jan 1940	5	3	-12.4	03 jan 1940
02 mrt 1971	06 mrt 1971	5	3	-13.9	05 mrt 1971

Figuur 35 Overzicht met 33 koudegolven in Nederland

8. Heide- of bosbrand

Natuurbranden komen in Nederland regelmatig voor in het voorjaar en in droge zomers. Gemiddeld zijn er zo'n 600 natuurbranden per jaar. Meestal zijn dit kleine branden die snel te stoppen zijn, maar zo nu en dan zijn het grotere en onbeheersbare natuurbranden die moeilijk te bestrijden zijn.

Door klimaatverandering en verdroging neemt het risico op natuurbranden in Nederland toe.

De impact van grote natuurbranden kan aanzienlijk zijn. Denk aan verstoring van vitale infrastructuur, evacuaties en gezondheidsproblemen. In veel bos- en natuurgebieden is het daarom noodzakelijk dat terreineigenaren maatregelen nemen om natuurbranden te voorkomen.

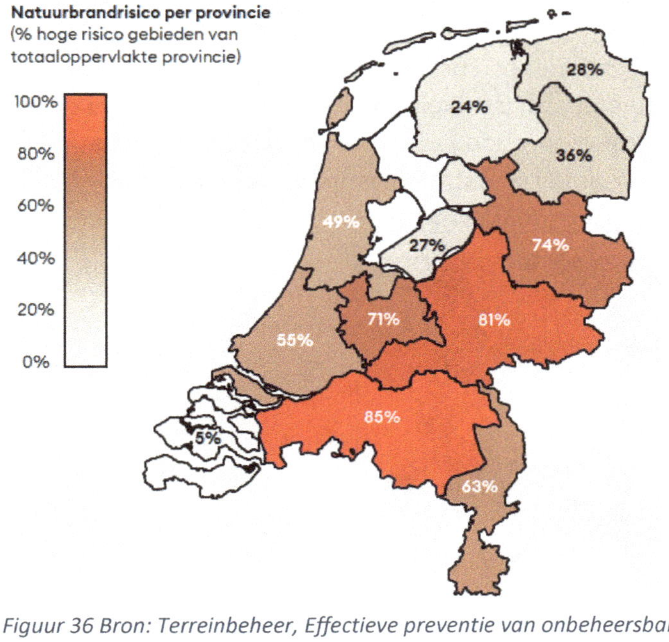

Figuur 36 Bron: Terreinbeheer, Effectieve preventie van onbeheersbare natuurbranden, Wageningen University & Research en Staatsbosbeheer 2023

De kans op een ernstige natuurbrand is locatieafhankelijk.

9. Meteorietinslag

Een meteoriet is het deel van een meteoroïde of planetoïde dat op de aarde inslaat na vanuit de ruimte door de aardatmosfeer te zijn gevallen. Tijdens de tocht door de dampkring wordt het materiaal sterk afgeremd. Door de hitte smelt, verdampt en verbrandt een groot deel van de meteoroïde en slechts een beperkt deel slaat in als meteoriet.

De snelheid van een inslaande meteoriet ligt tussen de 35.000 tot 100.000 km/u (10 tot 27 km/s). Hierdoor kan een relatief lichte meteoriet veel schade aanrichten.

In Nederland zijn na 1840 zes (of zeven) inslagen bekend van kleine meteorieten die weinig schade veroorzaakten. Wereldwijd zijn meer dan 20.000 meteorieten wetenschappelijk gedocumenteerd.

Kortom, de kans op een meteorietinslag op een specifieke locatie is erg klein.

10. Overstroming (door vloedgolf, tsunami, rivier, grondwater)

In Nederland onderscheiden we zes typen overstromingen. Hieronder zijn ze kort genoemd:

- overstroming van primaire waterkeringen vanuit de grote rivieren, zee of grote meren (1),
- overstroming van regionale keringen, zoals dijken langs kleinere rivieren of boezemkaden rond poldergebieden (2),
- overstroming van laaggelegen gebieden die niet door waterkeringen worden beschermd (bijvoorbeeld de uiterwaarden langs rivieren) (3),
- overstromingen als gevolg van het buiten de oevers treden van kleine rivieren of beken (4),
- overstroming door extreme neerslag met lokale wateroverlast als gevolg van overbelasting van rioolstelsels (5) of uittredend grondwater (6). Deze overstromingen zijn lastig te voorspellen.

Een overstromingsrisico is het product van de kans dat er een overstroming plaatsvindt en de gevolgen die zo'n overstroming kan hebben. De overstromingskans wordt meestal uitgedrukt in een kans per jaar.

De overstromingskans wordt in Nederland berekend met een probabilistisch model. De gevolgen van een overstroming hangen samen met de waterdiepte, stijgsnelheid van het water en stroomsnelheid. Doordat we moeten uitgaan van een variabel stromingsverloop zullen de gevolgen per locatie verschillen. Dit wordt weergegeven op een zogenaamde overstromingsrisicokaart die kan worden ingezien op: https://www.risicokaart.nl/kaarten/risicosituaties/overstroming.

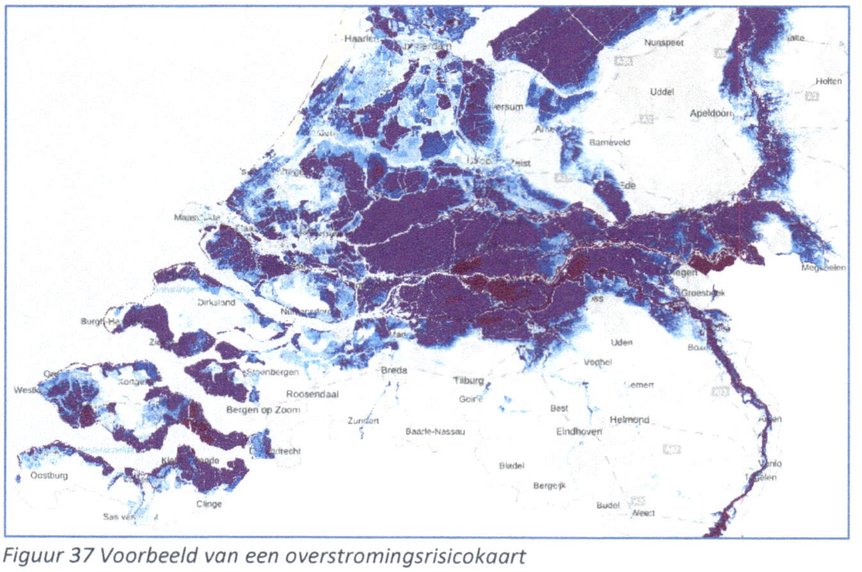

Figuur 37 Voorbeeld van een overstromingsrisicokaart

In Nederland is per dijkring een zogenaamde normfrequentie opgesteld. Deze is berekend op basis van de overschrijdingsfrequentie van de stormvloedstand. Een wettelijk gestelde norm voor veel gebieden in Nederland is een normfrequentie van 1/2000. Die keringen dienen dus bestand te zijn tegen een waterstand die gemiddeld eens in de 2.000 jaar voorkomt.

In Nederland verschilt de normfrequentie van dijken echter behoorlijk: in de meeste gebieden aan de noordelijke kust en in Zeeland geldt als ondergrens een overstromingskans van eens in de 1.000 jaar, maar deze overstromingskans is voor Den Haag en Rotterdam veel kleiner, namelijk eens in de 10.000 tot 30.000 jaar.

11. Zonnestorm

Op de zon vinden steeds grote veranderingen en explosies plaats. De zon zendt ook een constante stroom van deeltjes uit: de zonnewind. De zonnewind is veranderlijk en beïnvloedt ook de omgeving van de aarde. De zon kent twee seizoenen: een rustige en een actieve periode. Elke elf jaar begint deze zonnecyclus opnieuw. Tijdens de actieve periode zijn er veel zonnevlekken te zien op de zon. Dit zijn grote gebieden (groter dan de aarde) waarin veel magnetische energie zit opgeslagen die plotseling uit kan barsten. Als dit gebeurt, kan er een aantal dingen gebeuren.

Vaak ontstaat er een zonnevlam, dit is een felle lichtflits die zowel röntgen- als radiostraling uitzendt. Soms is er sprake van een 'coronale massa uitstoot' (CME) waarbij een grote hoeveelheid materie tijdens een zonnevlam wordt weggeslingerd van het zonsoppervlak en tijdelijk de zonnewind verstoort. Tenslotte ontstaat er soms een deeltjesstorm. Dit zijn voornamelijk protonen die met zeer hoge snelheid, veel hoger dan die van de zonnewind, worden afgeschoten. Als zo'n zonnevlam, coronale massa uitstoot of deeltjesstorm naar aarde is gericht, dan geeft dat effecten in onze atmosfeer met o.a. grote invloed op satellietnavigatiesignalen, radiocommunicatie en radars van schepen en vliegtuigen of signalen van satellieten (bijvoorbeeld GPS of het Europese Galileo) die door de snelle verandering in de ionosfeer kunnen worden verstoord. Satellietnavigatie wordt o.a. gebruikt door vliegtuigen (landingen bij slecht zicht), in de landbouw en de offshore-industrie alsmede voor de synchronisatie van klokken in netwerken voor telecommunicatie en dataverkeer.

De zeer snelle protonen van een deeltjesstorm bereiken na ongeveer een uur de aarde. Deze deeltjes zijn vooral schadelijk op grote hoogte (een verhoogde stralingsdoses voor mensen o.a. in vliegtuigen). En als een deeltje inslaat op een computerchip of andere micro-elektronica in een satelliet of vliegtuig, kan de computerberekening verkeerd gaan met alle gevolgen van dien.

In februari 2022 droeg een geomagnetische storm bij aan het verlies van tientallen satellieten.

In 1989 hebben miljoenen mensen in de Canadese stad Québec vele uren zonder stroom gezeten door een zware geomagnetische storm (opgewekte elektriciteitsstromen gingen door het elektriciteitsnetwerk, spoorlijnen en pijpleidingen).

Dergelijke extreme gebeurtenissen in het ruimteweer doen zich slechts enkele keren per eeuw voor.

Bijlage 8: Vitale infrastructuur in Nederland

Sector	**Vitale processen**
Energie	Transport, distributie, productie en opslag van gas op land en op zee
	Opslag, transport, raffinage en behandeling van aardolie en -producten
	Transport, distributie en productie van elektriciteit op land en op zee
Telecommunicatie	Internet en datadiensten
	Internettoegang en dataverkeer
	Spraakdienst en SMS (telefoon)
	Plaats- en tijdsbepaling
Transport	Vlucht- en vliegtuigafwikkeling
	Scheepvaartafwikkeling
	Vervoer van personen en goederen over (hoofd)spoorweginfrastructuur
	Vervoer over (hoofd)wegennet
Drinkwater	Drinkwatervoorziening
Oppervlaktewater	Keren en beheren waterkwantiteit
Chemie	Grootschalige productie, verwerking en/of opslag (petro)chemische stoffen
Nucleair	Opslag, productie en verwerking nucleair materiaal
Financiën	Toonbankbetalingsverkeer
	Massaal giraal betalingsverkeer
	Hoogwaardig betalingsverkeer tussen banken
	Effectenverkeer
Overheid	Basisregistraties personen en organisaties
	Interconnectiviteit (infrastructuur voor informatie uit basisregistraties)
	Elektronisch berichtenverkeer en informatieverschaffing aan burgers
Openbare orde en veiligheid	Communicatie met en tussen hulpdiensten middels 112 en C2000
	Inzet politie
Defensie	Inzet defensie

Bijlage 9: Het All-Hazard risicoregister

In het risicoregister worden per begingebeurtenis de scenario's beschreven met impact, waarschijnlijkheid, risico, getroffen maatregelen, resterende kwetsbaarheden en verbeteringen.

Begingebeurtenis	Omschrijving van relevant scenario	Impact van gevolgen (I)	Waarschijnlijkheid van impactvolle gebeurtenis (W)	Risico van impactvolle gebeurtenis (R)	Scores			
Potentiele dreigingen en oorzaken van verstoringen	Uitgaan van bestaande situatie (beveiliging, veiligheid, crisismanagement, redundantie, back-up etc.)	Aantal gewonden, doden, economische schade of duur en omvang van productieverlies (categorie onder Score I)	Uitgaand van bestaande situatie en de geschetste omvang van de impact (categorie onder Score W)	Uitgaand van de geschetste omvang en impact (categorie onder Score R)	I	W	R	Be hu
A) Organisatorisch en technisch falen								
Technische storing							0	
Procedurefout							0	
Ongeval met brand en explosies							0	
Luchtvaartongeval							0	
Ongeval op het water (zee/rivier)							0	
Ongeval op de weg							0	
Ziekte personeel a.g.v. pandemie							0	
Uitval toeleverancier							0	
Extreme gebeurtenissen bij buurbedrijf							0	
B) Bewust menselijk handelen								
Inbraak							0	
Diefstal							0	
Overval							0	
Afpersing							0	
Gijzeling							0	
Vandalisme							0	
Sabotage							0	
Bomaanslag							0	
Meervoudige terroristische aanslag							0	
Cyberaanval							0	
Ongeautoriseerd computergebruik							0	
C) Natuurgeweld								
Extreme vorst							0	
Extreme hitte							0	
Extreme droogte							0	
Extreme neerslag							0	
Overstroming (zee)							0	
Overstroming (rivier)							0	
Blikseminslag							0	
Aardbeving								
Zonnestorm								
D) Uitval vitale infrastructuur								
Elektriciteit								
Olie								
Vaste communicatie/internet								
Mobiele communicatie								
Drinkwatervoorzieinig								
Voedselvoorziening								
Waterkwaliteit								
Waterkwantiteit								
Handhaving openbare orde								
Handhaving openbare veiligheid								
Wegverkeer								
Nucleaire en/of chemische stoffen								

Scores			Mitigerende maatregelen	Resterende kwetsbaarheid	Verbeteringen
I	W	R	Bestaande situatie die het huidige risico helpen beperken	Kwetsbaarheden die verder moeten worden verminderd	Voorstellen om mitigerende maatrgelen in te voeren of te verbetren
		0			
		0			
		0			
		0			
		0			
		0			

De verschillende aspecten worden benoemd, gescoord en berekend. Het risicoregister geeft daarmee een overzicht van relevante aspecten van de realistische risico's. Hiermee wordt zichtbaar welke kwetsbaarheden en risico's aandacht behoeven alsmede wat de mogelijkheden zijn om de weerbaarheid en veerkracht van de organisatie verder te verhogen.

De volgende waardes en berekeningen worden in deze risicoanalyse gebruikt.

Impact van gevolgen (I)

Impact op mensen:
0 = geen schade
1 = blauwe plek of lichte schrik
2 = lichte verwonding of stress aan individu
3 = verschillende lichte verwonden
4 = licht en zwaar verwonden
5 = slachtoffers (handicaps en overlijden)

Impact op bedrijfsprocessen:
0 = geen schade
1 = zeer beperkte verstoring
2 = lichte stagnatie van bedrijfsproces
3 = stagnatie van verschillende processen
4 = organisatie ligt tijdelijk helemaal stil
5 = hele organisatie ligt langere tijd stil

Financiële schade of waardeverlies:
0 = geen schade
1 = zeer klein verlies
2 = beperkt verlies
3 = aanzienlijk verlies
4 = zeer groot verlies
5 = faillissement dreigt

➔ ***Impact score is de hoogste score van 'Mens, Proces en Waarde'***

Waarschijnlijkheid van impactvolle gebeurtenis (W)

0 = niet waarschijnlijk
1 = komt zelden voor, minder dan eens in de 10.000 jaar (zeer laag)
2 = komt weinig voor, minder dan eens in de 1.000 jaar (laag)
3 = komt weinig voor, minder dan eens in de 100 jaar (medium)
4 = gebeurt wel eens, ongeveer ééns in de 10 jaar (hoog)
5 = zal minstens één keer per jaar gebeuren (zeer hoog)

Risico van impactvolle gebeurtenis (R)

Risico (het relatieve risico) is het product van 'Impact en Waarschijnlijkheid'

Bijlage 10: Voorbeeld van een 5 x 5 risicomatrix

Tabel met getalswaarde van het risico bij een activiteit

Invoer: kans en effect
Uitkomst: getalswaarde van risico met risico-niveau in kleur

groen:	laag risico
geel	gemiddeld risico
rood	hoog risico

effect					kans				
					zeer onwaarschijnlijk 1	onwaarschijnlijk 2	mogelijk 3	kansrijk 4	zeer kansrijk 5
					Het risico heeft zich voor zover bekend nog niet voorgedaan in de branche/bedrijfstak.	Het risico heeft zich voorgedaan in de branche/bedrijfstak.	Het risico heeft zich voorgedaan in vergelijkbare omstandigheden.	Het risico doet zich verschillende keren per jaar voor.	Bijna zeker dat het risico zich zal voordoen.
		mensen	milieu	materieel	De activiteit vindt zelden plaats.	De activiteit vindt af en toe plaats.	De activiteit vindt regelmatig plaats.	De activiteit vindt vaak plaats.	De activiteit wordt continu uitgevoerd.
minimaal	1	EHBO noodzakelijk. Geen onderbreking van werkzaamheden.	schade < €500	Minimale plaatselijke schade	laag (1)	laag (2)	laag (3)	laag (4)	gemiddeld (5)
matig	2	Minimale gezondheidseffecten. Geen verzuimdagen.	schade < €5.000	Lichte schade die met minimale kosten ter plaatse gerepareerd kan worden.	laag (2)	laag (4)	gemiddeld (6)	gemiddeld (8)	gemiddeld (10)
ernstig	3	Gezondheidseffecten die echter nog wel te genezen/te verhelpen zijn. Met verzuimdagen.	schade < €50.000	Matige schade die gerepareerd kan worden met niet al te hoge kosten.	laag (3)	gemiddeld (6)	gemiddeld (9)	gemiddeld (12)	hoog (15)
groot	4	Blijvend letsel en/of levensbedreigende verwondingen met veel verzuimdagen en er kan zelfs een dode bij betrokken zijn.	schade < €100.000	Grote schade die met hoge kosten gerepareerd kan worden en met eventuele juridische gevolgen.	laag (4)	gemiddeld (8)	gemiddeld (12)	hoog (16)	hoog (20)
catastrofaal	5	Een aantal doden.	schade ≥ €100.000	Zware schade over een lange periode, kan leiden tot (tijdelijke) buiten gebruikstelling/evacuatie, lokale betrokkenheid, juridische gevolgen.	gemiddeld (5)	gemiddeld (10)	hoog (15)	hoog (20)	hoog (25)

Figuur 38 Variant op de 5x5 risicomatrix

(Einde)

www.ingramcontent.com/pod-product-compliance
Lightning Source LLC
LaVergne TN
LVHW082308300926
849160LV00011B/978